JN424406

알기 쉬운 소방시설 I

-스프링클러설비-

장정태 지음

GS인터비젼

머리말

스프링클러설비는 화재진압에 가장 많이 사용하는 절대적으로 필요한 설비로써, 건축물내의 화재 발생시, 자동으로 화재를 감지하여 신속히 소화할 수 있는 설비이다. 이와 같이 중요한 스프링클러설비를 그림과 함께 쉽게 익혀 필요한 때에 바르게 사용하여 화재를 진압하는 데에 부족함이 없도록, 국내에서 대표적으로 사용하는 스프링클러시스템인 습식, 건식, 준비작동식, 일제살수식의 주 밸브에 대하여 각각의 동작원리와 내부구조를 용이하게 파악할 수 있도록 정리하였다.

또, 오늘날 산업발전에 따른 건물용도의 다양화와 대형화로 스프링클러설비의 급속한 기술발전에 의한 스프링클러설비의 설치유지와 안전관리에 필요한 세부사항을 쉽게 실무에 적용할 수 있도록 세부기술사항을 설명한 소방방재청의 '스프링클러 해설서'를 활용하여, 소방관서, 설계자·시공자 및 감리자들이 쉽게 이해할 수 있도록 노력하였다. 아울러 잘 갖추어진 스프링클러설비 실습장을 활용하여 각 방식별로 주 밸브인 알람밸브, 드라이밸브, 프리액션밸브, 델류지밸브 등의 각 구성부품의 이름과 내부를 볼 수 있는 절개도를 수록 하였으며 각 방식별로 작동 및 복구과정을 하나하나 조작하면서 상세히 그 과정을 일목요연하게 정리하였다.

부족함이 많은 데도 본 도서가 출판될 수 있도록 힘써 주신 송기수 사장님과 조완선님께 감사드리며, 좋은 책이 될 수 있도록 독자 분들의 많은 지도편달을 기대합니다.

2012. 11. 29

소방방재시스템센터에서

장정태 드림

차 례

제1장. 스프링클러설비의 구성

1.1 개요

1.2 특징

1.3 화재안전기준(NFSC 103)

1.1 개요

스프링클러설비(Splinkler System)는 소방대상물의 화재를 자동으로 감지하여 소화작업을 실시하는 자동식 물소화기의 일종으로 1850년경 영국에서 최초로 개발한 후, 미국인 프레더리치(Frederich Grinnel)에 의해 대규모로 공업화 되었다. 오늘날 산업이 고도로 발달함에 따라 고층건축물, 대규모 공장, 기타 특수건물 등으로 많은 사람들의 출입 및 화재발생 요인이 다양화되고 많아져 화재로 인한 인명 사상자와 재산 피해액이 증대되어 화재 발생시 신속한 화재진압이 요구되고 있다.

스프링클러설비는 수원(水源, Water Source) 및 가압송수장치, 유수검지장치, 스프링클러헤드, 배관 및 밸브류 등으로 구성되어 소방대상물의 천정, 벽 등에 설치되어 화재가 발생하여 온도가 상승하게 되면 스프링클러 헤드의 감열부 또는 화재감지기 등 화재감지장치가 작동하여 경보밸브 및 가압송수장치가 자동으로 작동하여 물을 일정압력으로 방수시켜 화재를 자동으로 진압할 수 있는 가장 우수한 소화설비로 인정받고 있는 소화설비이다.

1.2 특징

스프링클러설비는 물을 이용하는 곧, 소화제가 물이므로 소화비용이 적게 들고 설비가 작동한 후에도 복구가 쉬우며 가스계소화설비나 포소화설비보다 인체에 해가 없으며 화재초기의 진압에 탁월한 효과가 있고, 쉽게 수원을 확보할 수가 있으며 사람이 없는 야간에도 자동적으로 화재를 감지하여 소화 및 경보를 용이하게 할 수 있다.

화재감지부의 구조가 기계적인 설비인 습식이나 건식스프링클러설비는 오작동이나 비화재보가 적으며 조작이 간편하고 안전하다. 그러나, 초기에는 설치비용이 많이 들고 다른 소방시설보다 공사가 복잡하며 물로 인한 피해가 있는 것이 단점이다.

1.3 화재안전기준(NFSC 103)

스프링클러설비의 화재안전기준에서는 소화설비인 스프링클러설비의 설치유지 및 안전관리에 필요한 사항을 규정함을 목적으로 하고 있으며, 특수목적용으로 사용되는 화재조기진압용 스프링클러설비 및 간이스프링클러설비 등과 같은 경우에는 설비의 효율적인 설치유지 및 안전관리를 위하여 별도의 기준을 정하여 운영하고 있다.

특히, 해설서에서는 국내의 산업발전과 함께 용도의 다변화 및 소방대상물의 대형화에 따른 스프링클러설비의 급속한 기술발전이 이루어지고 있어 스프링클러설비의 설치유지 및 안전관리에 필요한 세부사항에 대하여 용이하게 실무에 적용할 수 있도록 세부기술사항을 중심으로 해설되어 있어, 소방관서 및 설계자와 시공자 및 감리자들이 쉽게 실무에 적용할 수 있다.

이 기준은 화재를 자동으로 감지하여 소화작업을 실시하는 자동식스프링클러설비의 수원 및 가압송수장치, 유수검지장치, 스프링클러헤드, 배관 및 전원 등에 대한 사항을 규정하는데 그 목적이 있다.

이 기준의 목적은 소화설비로서 우수한 성능수준 확보 및 설치의 품질을 향상시키는데 있으며 제품의 성능수준 확보를 위한 시험(Test)기준이나 제품의 품질향상을 위한 방법 등은 포함하지 않는다.

이 기준은 행정기관에 의한 강제권을 적용할 수 있는 사항들로 나타내고 있다. 따라서 반드시 지켜야 할 사항들에 대해서는 어미에 "할 것", "일 것", "하여야 한다.", "따를 것" 등으로 표현 되고 있으며, 소방대상물의 관계자의 선택권을 제공한 사항들에 대해서는 "그러하지 아니하다", 아니할 수 있다. "설치할 수 있다" 등으로 표현 되고 있는데. 이러한 경우는 행정기관에서 강제로 할 수 있는 규정이 아니라는 것이다.

한편, 스프링클러설비의 설치요건은 다음과 같다.

가) 스프링클러설비는 건축물내의 화재 시 해당 소방대상물의 보호를 목적으로 자동으로 화재를 감지하여 신속히 화재를 진압할 수 있어야 한다.

나) 스프링클러설비를 구성하는 제품은 수조, 가압송수장치(소화펌프), 배관, 스프링클러헤드, 유수검지장치, 일제개방밸브, 기동용수압개폐장치 등은 국가 형식승인대상품목 등으로 일부 제품에 대하여는 형식승인 및 제품검사에 합격한 제품을 사용하여야 하며, 소방용 내화전선, 개폐표시형 밸브, 소방용 스트레이너, 소방용 압력스위치, 소방용 푸트밸브, 소방용 합성수지배관, 송수구 등은 성능시험대상품목으로 제품승인 및 제품시험에 합격한 제품을 사용하도록 하고 있다.

제2장. 스프링클러설비의 종류

스프링클러설비(Splinkler System)는 그 구조와 동작방식에 따라 현재 우리나라에서는 아래와 같이 4종류의 스프링클러설비가 주종을 이루고 있다.

2.1 습식 스프링클러설비

2.2 건식 스프링클러설비

2.3 준비작동식 스프링클러설비

2.4 일제살수식 스프링클러설비

2.5 NFPA의 분류

2.6 방식별 비교

2.7 설치 유지 및 안전관리 법률

2.8 체절운전

2.9 스프링클러헤드

2.10 배관

2.1 습식 스프링클러설비

습식(濕式, Wet Type Sprinkler System)은 수조(물탱크)의 후드밸브(Foot Valve)에서부터 주밸브인 알람밸브(Alarm valve)까지의 1차측과 클래퍼가 개방되어 폐쇄형헤드에 이르는 2차측까지의 모든 배관내에 압력수가 충전(充塡)되어 있는 설비로써, 가장 많이 이용되는 일반적인 방식이다. 화재의 감지는 화재에 의한 열로 인하여 헤드의 감열체가 개방되면, 개방된 헤드에 채워져 있던 물이 즉시 살수 되면서 2차측의 압력은 급속히 떨어지게 되는데 이때 주밸브(Main valve)의 클래퍼(Clapper)가 열리면서 경보하게 되고 1차측에 가압된 물이 개방된 스프링클러 헤드까지 즉시 이동하면서 계속 살수되어 화재를 진압하는 시스템이다. 이 방식은 헤드가 화재의 열로 융해될 때 동작함으로 신뢰성이 가장 우수하고 다른 설비방식에 비하여 그림2.1과 같이 그 구성이 간단하다. 이의 장, 단점을 살펴보면 다음과 같다.

☞ 장점

화재감지는 화재의 열에 의해 폐쇄형헤드가 개방되면서 이루어지므로 별도의 화재감지기가 필요하지 않아 설비 구조가 간단하고 공사비가 저렴하다.

물이 전체의 배관 및 헤드까지 차 있으므로 개방된 헤드로 즉시 물이 방수되므로 소화가 빠르며 작동의 신뢰도가 높다.

다른 종류의 스프링클러설비 종류보다 유지관리가 쉽다.

☞ 단점

배관의 물이 동결 될 수 있는 추운 지역에서는 동파의 우려가 있으므로 설치할 수 없다.

상시 배관에는 물이 차 있으므로 누수가 발생할 수 있으며, 누수로 인한 물의 피해가 우려되는 장소는 부적합 하다.

화재감지의 경보는 알람밸브 이므로 화재발생시 화재경보는 화재감지기 작동식보다 경보가 늦게 울린다.

층의 높이가 큰 장소에서는 헤드의 작동이 늦어져 화재발생으로 인한 신속한 방수가 되지 못한다.

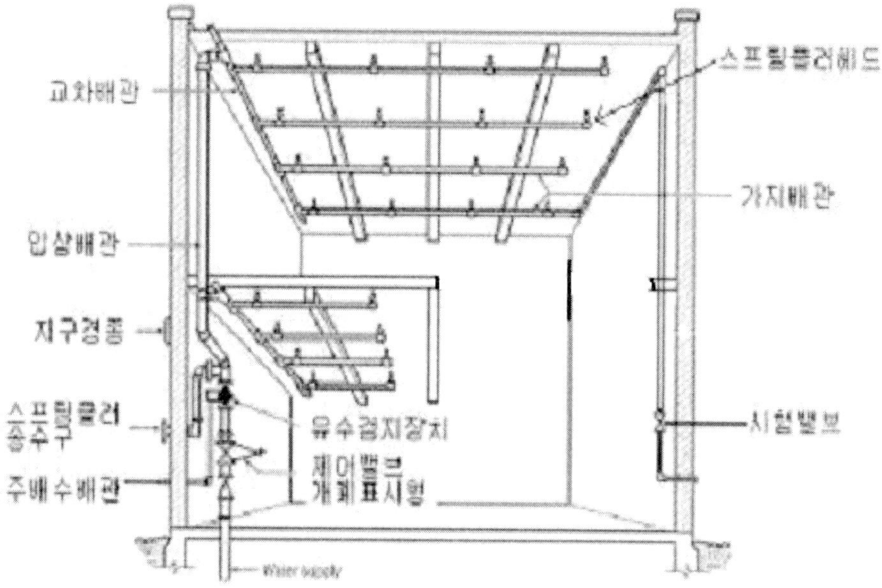

그림 2.1 습식 스프링클러설비

2.2 건식 스프링클러설비

건식(乾式, Dry Type Sprinkler System) 스프링클러 시스템의 구성은 그림2.2와 같이 주밸브는 드라이밸브이며 이의 클래퍼를 중심으로 하단의 1차측에는 펌프로 가압, 송수된 물로 충전되고 클래퍼 상단의 2차측에는 압축공기로 채워져 있는 방식이다. 이 방식은 1차측과 2차측이 압력의 균형을 이루며 정상상태로 견제되다가 화재로 인해 스프링클러 헤드가 개방되면 2차측의 압축공기가 방출되면서 압력이 급격히 떨어지게 되고 아울러 클래퍼가 열리면서 1차측의 가압수가 송수되어 개방된 스프링클러 헤드를 통하여 살수되어 화재를 진화하는 방식이다. 1차측 물의 압력은 펌프의 압력으로 규정되며, 2차측 공기압력은 에어컴프레사(Air compressor)로 자동으로 채워 지는데 1차측과 2차측이 압력의 비율은 업체에 따라 다르지만 엇비슷하거나 1차측이 약간 높다.

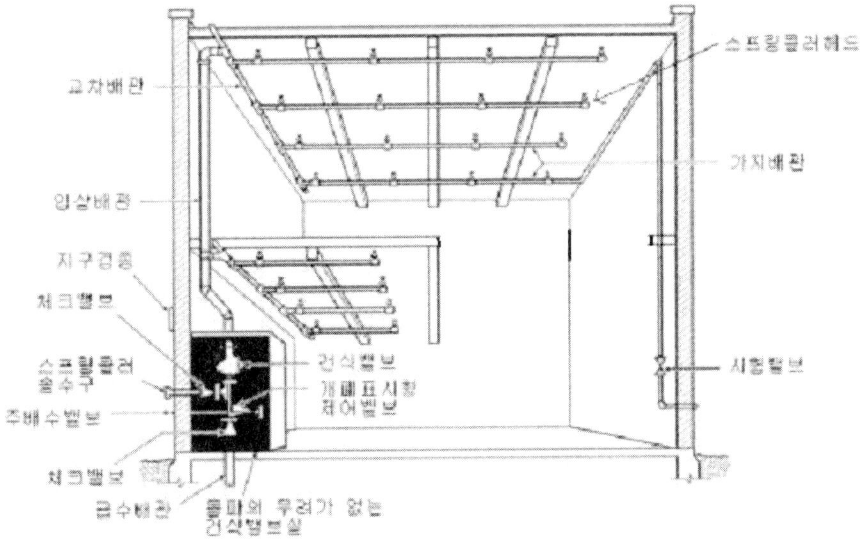

그림 2.2 건식 스프링클러설비

2.3 준비작동식 스프링클러설비

준비작동식스프링클러(Pre-action Type Sprinkler System) 설비는 핵심 구성부분인 그림2.3은 프리액션밸브(Pre-action valve)의 클래퍼를 중심으로 1차측은 가압송수의 물로 채워져 있고, 2차측은 일반 대기압의 공기로 구성되어 있는 시스템이다.

이 시스템의 작동은 2차측 배관이 대기압 상태이기 때문에 화재 발생시 헤드의 감열체가 융해되어도 화재를 감지하지 못함으로 별도로 화재감지기를 설치하여 화재를 감지하여 프리액션밸브에 설치된 솔레노이드 밸브가 작동하여 클레퍼를 작동하여 1차측의 가압수가 2차측 배관의 스프링클러헤드로 송수되어 물을 방수하여 화재를 진압한다.

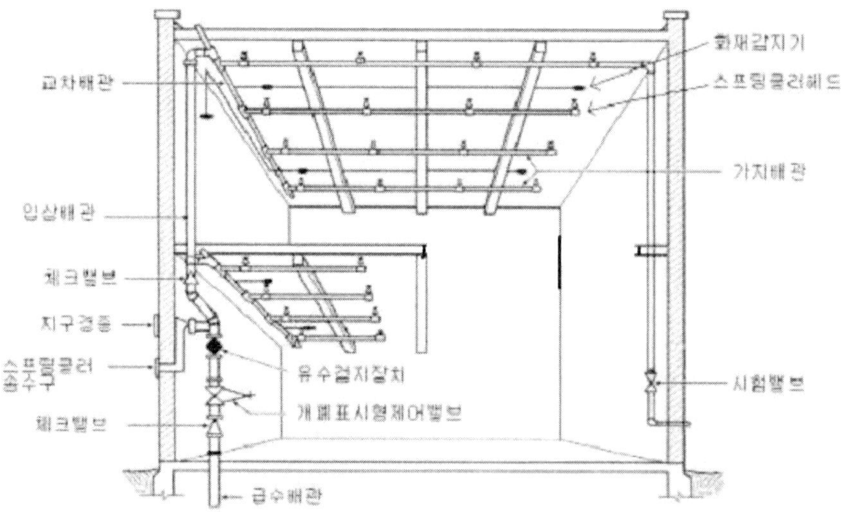

그림 2.3 준비작동식 스프링클러설비

2.4 일제살수식 스프링클러설비

일제살수식(일제개방식)(Deluge Type Sprinkler System)은 그림 2.4와 같이 일반적으로 많은 개방형 스프링클러 헤드로 구성되어 있고, 해당 방호구역에 동시적으로 일제히 소화하는 소화설비로써, 1차측에 가압수가 들어 있으며, 2차측은 배관의 개방형헤드까지 일반공기(대기압)가 들어 있다. 따라서 화재의 감지는 헤드가 할 수 없고, 별도의 화재감지기를 부착하여 감지하는데 화재를 감지하여 솔레노이드밸브의 동작으로 클래퍼가 개방되어 가압수가 말단 헤드까지 이동되어 일제히 개방된 헤드에서 방수되어 화재를 진압하는 시스템이다.

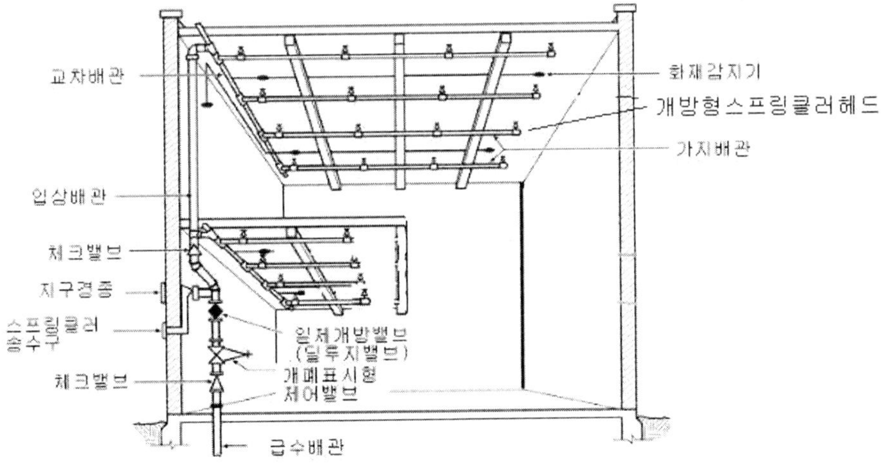

그림 2.4 일제살수식 스프링클러설비

2.5 NFPA의 분류

미국의 국제화재방지협회인 NFPA(National Fire Protection Association) 코드(Code)에 의한 설비방식에 의한 스프링클러설비의 분류는 다음과 같다.

1) 습식스프링클러시스템
2) 건식스프링클러시스템
3) 준비작동식스프링클러시스템
4) 일제살수식스프링클러시스템
5) 건식/준비작동식조합(Combined)스프링클러시스템
6) 동결방지 스프링클러시스템
7) 일반급수설비에 연결된 스프링클러시스템
8) 노출보호 스프링클러시스템으로 분류한다.

1)~4)의 시스템은 앞에서 설명하였으므로 5)~8)의 방식을 살펴보면 다음과 같다.

5) **건식/준비작동식** 조합스프링클러시스템

압축공기가 들어있는 배관에 부착되어 있는 스프링클러헤드를 사용하는 스프링클러 시스템으로서 스프링클러헤드가 설치되어 있는 동일구역 내에 화재감지장치가 설치되어 있으며, 화재감지장치가 작동되면 기동장치가 작동하여 즉시 배관 내 압축공기의 손실이 없이 건식밸브가 개방된다. 또한 화재감지장치가 작동 될 때 급수배관의 밀단에 설치되어 있는 공기배출밸브가 개방된 다음에 스프링클러헤드가 개방된다. 감지장치는 자동화재탐지설비의 역할도 동시에 수행하며 사용되는 장소로는 부두, 여객선터미널 및 선창 등이다.

6) **동결방지용** 스프링클러시스템

습식스프링클러설비가 설치되는 지역의 일부분이 동파의 우려가 있는 장소에 노출되는 경우에는 스프링클러헤드로부터 동결우려가 있는 부분까지의 배관 내에 부동액이 채워져 있어 화재가 발생되면 배관내의 부동액이 즉시 방출되고 이어서 소화용수가 방

사되는 시스템이다.

7) 일반급수설비와 연결된 스프링클러시스템(순환식 밀폐형루프시스템)

난방 또는 공조장치를 통하여 물을 순환시키는 냉난방설비의 순환밀폐 배관으로 스프링클러시스템 배관을 이용하는 시스템이다. 정상상태에서는 난방 또는 공조장치로 사용하다가 화재 발생 시에는 스프링클러헤드를 통하여 물(소화용수)을 방사한다. 이 시스템은 냉난방설비에 이상이 있을 수 있거나 거주자의 생활에 즉시 불편을 초래하므로 항상 시스템을 최적상태로 유지하여야 하기 때문에 자체감시 특성을 가지고 있다고 할 수 있다.

8) 노출보호 스프링클러시스템

건물 실내에 스프링설비를 설치하는 것에 관계없이 건물 외벽의 창문, 개구부를 보호 및 외벽 또는 지붕을 보호하거나 인접한 건물로 화재가 전이되는 것을 방지하기 위하여 설치하는 스프링클러시스템이다.

2.6 방식별 비교

스프링클러 소화설비의 헤드는 폐쇄형 헤드를 사용하는 습식, 준비작동식, 건식가, 개방형 헤드를 사용하는 일제살수식으로 구분 할 수 있는데 각 시스템별 특징을 요약하면 다음 표2.1, 표2.2와 같다.

표 2.1 스프링클러설비 방식별 비교

방식	특 징	헤 드
습식	▪ 화재의 열에 의해 폐쇄형헤드가 개방되면 개방된 헤드로 물이 방수 된다 ▪ 건식설비에 비하여 구조가 간단하고 즉시 소화가 가능하다. ▪ 화재가 발생하여 헤드가 개방되면 전체의 배관과 헤드에 물이들어 있으므로 개방된 헤드로 즉시 물이 방수되어 소화가 빠르다 ▪ 작동의 정확성이 높아 가장 신뢰성 있는 설비이다. ▪ 다른방식의 스프링클러설비 보다 유지관리가 적다. ▪ 배관의 물이 동결 될 우려가 있는 장소나 누수 등으로 물에 의한 피해가 우려되는 장소에는 부적합하다 ▪ 헤드로 물이 어느 정도 살수된 후에 유수(流水)를 검지함으로 감지기 작동방식 보다 화재경보가 늦다 ▪ 한 개 층의 층고(층의 높이)가 높은 장소에는 헤드의 작동이 늦어져 화재발생으로 인한 신속한 방수가 되지 못한다.	폐쇄형

방식	특 징	헤드
건식	▪ 드라이밸브의 2차측 배관부터 헤드까지는 압축공기가 들어 있으므로 겨울에 기온이 낮아져도 동파될 우려가 없다 ▪ 동결의 우려가 있는 장소에 설치하며, 화재시 소화활동 시간이 다소 지연되고 습식보다 설비가격이 고가이다. ▪ 화재경보는 드라이밸브의 압력스위치가 흐르는 물에 의하여 작동하여 유수경보를 발생한다. ▪ 감지기를 설치하지 않으므로 설치장소의 큰 장소에서는 공사비가 준비작동식 스프링클러설비보다 적게 들 수 있다 ▪ 소규모의 장소에는 공사비용이 많이 들 수 있다 ▪ 폐쇄형헤드의 개방에 의하여 설비가 작동하므로 오동작의 우려가 적다 ▪ 압축공기를 충전하기 위한 에어 콤푸레샤의 설치장소를 필요로 한다 ▪ 개방된 헤드로 많은 공기가 배출되고 나서 물이 방수됨으로 화재를 더 확산시킬 수 있다	폐쇄형
준비 작동식	▪ 프리액션밸브의 1차측까지 물이 들어 있고 2차측 배관에는 물이 없으므로 동파될 우려가 있는 장소에도 설치를 할 수 있다. ▪ 프리액션밸브의 동작용 감지기를 설치하므로 화재경보음이 습식이나, 건식설비 보다 빨리 발생하여 화재경보를 빨리한다 ▪ 습식이나 건식설비에는 없는 감지기를 설치하여 수신반과 연결하여야 하며, 프리액션밸브의 작동을 위해 솔레노이드밸브가 동작해야 하므로 설비가 복잡하고 고장이 발생할 가능성은 높아 신뢰성이 낮다 ▪ 설비가 복잡하므로 관리가 어렵고 일부 현장관리자들이 설비 이해부족으로 습식처럼 가압수로 채워 관리하는 잘못이 있다	폐쇄형
일제 살수식	▪ 일제살수식의 작동은 화재감지기에 의하며 모든 헤드가 개방형임이므로 화재감지시 동시에 일제히 방수되어 화재를 조기에 소화할 수 있다. ▪ 폐쇄형헤드에 의한 작동보다 헤드에서 방수되는 시간이 빠르다 ▪ 감지기 오작동의 문제로 인하여 신뢰성이 떨어지고 수손피해가 생길 수 있다	개방형

표 2.2 스프링클러 설비의 구성

설비 종류		습식	건식	준비작동식	일제살수식
사용헤드		폐쇄형	폐쇄형	폐쇄형	개방형
배관	1차	가압수	가압수	가압수	가압수
	2차	가압수	압축공기	대기공기	대기공기
화재감지		헤드	헤드	감지기	감지기
사용밸브		알람밸브	드라이밸브	프리액션밸브	델류지밸브

2.7 설치 유지 및 안전관리 법률

소방시설 설치유지 및 안전관리에 관한 법률 제9조의 특정소방대상물에 설치하는 소방시설 등의 유지·관리 등에 관한 규정에서 제1항은 다음과 같이 규정하고 있다.

1. 특정소방대상물의 관계인은 대통령령이 정하는 바에 따라 특정소방대상물의 규모·용도 및 수용인원 등을 고려하여 갖추어야 하는 소방시설 등을 소방방재청장이 정하여 고시하는 화재안전기준에 따라 설치 또는 유지·관리 하여야 한다. 또, 소방시설 설치유지 및 안전관리에 관한 법률 시행령 별표4의 소화설비의 소방시설 적용기 준과 제3호에서 정하는 스프링클러설비를 설치하여야 하는 특정소방대상물(가스시설 또는 지하구를 제외한다)은 다음 각 항목과 같다.

가) 문화집회 및 운동시설(사찰·제실·사당 및 동식물원은 제외한다)로서 다음의 1에 해당하는 경우에는 전 층

1) 수용인원이 100인 이상인 곳

2) 영화상영관의 용도로 쓰이는 층의 바닥면적이 지하층 또는 무창층인 경우500 ㎡ 이상, 그 밖의 층의 경우에는 1,000 ㎡ 이상인 곳

3) 무대부가 지하층·무창층 또는 4층 이상의 층에 있는 경우에는 무대부의 면이

300 ㎡ 이상인 곳

4) 무대부가 (3)호 이외의 층에 있는 경우에는 무대부의 면적이 500 ㎡이상인 곳

나) 판매시설 및 영업시설로서 다음의 1에 해당하는 경우에는 전체 층

1) 층수가 3층 이하인 건축물로서 판매시설 및 영업시설의 바닥면적 합계가 6,000 ㎡ 이상인 곳

2) 층수가 4층 이상인 건축물로서 판매시설 및 영업시설의 바닥면적 합계가 5,000 ㎡ 이상인 곳

3) 수용인원 500인 이상인 곳

다) 층수가 11층 이상인 특정소방대상물의 경우에는 전층 다만, 주택법령에 의하여 기존의 아파트를 리모델링하는 경우로서 건축물의 연면적, 층고가 변경되지 아니하는 경우에는 당해 아파트의 사용검사 당시의 소방시설 적용기준을 적용 한다.

라) 노유자시설·정신보건법 제3조제2호의 규정에 해당하는 정신보건시설(이하 "정신보건시설"이라 한다) 및 숙박시설이 있는 수련시설로서 연면적 600 ㎡ 이상인 경우에는 전 층

마) 천장 또는 반자(반자가 없는 경우에는 지붕의 옥내에 면하는 부분)의 높이가 10 m를 넘는 랙크식창고(선반 또는 이와 비슷한 것을 설치하고 승강기에 의하여 수납물을 운반하는 장치를 갖춘 것을 말한다)로서 연면적 1,500 ㎡이상인 것

바) 지하가(터널을 제외한다)로서 연면적 1,000 ㎡ 이상인 것

사) 가목 내지 마목에 해당하지 아니하는 특정소방대상물(냉동창고를 제외한다)의 지하층;·무창층 또는 층수가 4층 이상인 층으로서 바닥면적이 1,000 ㎡ 이상인 층

아) 가목 내지 사목의 특정소방대상물에 부속된 보일러실 또는 연결통로 등

자) 복합건축물 또는 교육연구시설 내에 있는 학생 수용을 위한 기숙사로서 연면적 5,000 ㎡ 이상인 경우에는 전 층

차) 마목에 해당하지 아니하는 공장 또는 창고로서 『소방기본법시행령』 별표2에서 정하는 수량의 1,000 배 이상의 특수가연물을 저장·취급하는 것

표 2.3 특수가연물의 종류(제6조 관련)

품 명		취급량
면 화 류		200킬로그램
나무껍질 및 대팻밥		400킬로그램
넝마 및 종이부스러기		1,000킬로그램
사류(絲類)		1,000킬로그램
볏짚류		1,000킬로그램
가연성고체류		3,000킬로그램
석탄·목탄류		10,000킬로그램
가연성액체류		2입방미터
목재가공품 및 나무부스러기		10입방미터
합성수지류	발포시킨 것	20입방미터
	그 밖의 것	3,000킬로그램

[비 고]

1. "면화류"라 함은 불연성 또는 난연성이 아닌 면상 또는 팽이모양의 섬유와 마사(麻絲)원료를 말한다.
2. "넝마 및 종이부스러기"라 함은 불연성 또는 난연성이 아닌 것(동식물유가 깊이 스며들어 있는 옷감·종이 및 이들의 제품을 포함한다)을 말한다.
3. "사류"라 함은 불연성 또는 난연성이 아닌 실(실부스러기와 솜털을 포함한다)과 누에고치를 말한다.
4. "볏짚류"라 함은 마른 볏짚·마른 북더기 및 이들의 제품과 건초를 말한다.
5. "가연성고체류"라 함은 고체로서 다음의 가, 다 또는 라의 규정에 해당하는 것(1기압과 20[℃] 이상 40[℃] 이하에서 액상인 것으로서 다음의 나, 다 또는 라의 규정에 해당하는 것을 포함한다)을 말한다.

가) 인화점이 40[℃] 이상 100[℃] 미만인 것

나) 인화점이 70[℃] 이상 200[℃] 미만인 것

다) 인화점이 100[℃] 이상 200[℃] 미만이고 연소열량이 1[g]당 8,000[cal](34kJ) 이상인 것

라) 인화점이 200[℃] 이상이고 연소열량이 1[g]당 8,000[cal] 이상인 것으로서 융점이 100[℃] 미만인 것

6. 석탄·목탄류는 코크스, 분상의 석탄을 물에 갠 것. 조개탄, 연탄, 석유 코크스, 활성탄 및 이와 유사한 것을 포함한다.

7. "가연성액체류"라 함은 위험물안전관리법시행령 별표 1제15호 단서의 규정에 해당하는 물품, 동 표 비고 제16호 단서 및 제17호 단서의 규정에 해당하는 물품으로서 1기압과 20[℃]에서 액상인 것, 동 표 비고 제18호 단서의 규정에 해당하는물품으로서 1기압과 20[℃]에서 액상인 것과 인화성 액체의 성질과 상태를 가지는 물품(1기압과 20[℃]에서 액상인 것에 한정한다)으로 1기압에서 인화점이 250[℃]이상인 것을 말함.

8. "합성수지류"라 함은 불연성 또는 난연성이 아닌 고체의 합성수지제품, 합성수지반제품, 원료합성수지 및 합성수지 부스러기(불연성 또는 난연성이 아닌 고무제품,고무반제품, 원료고무 및 고무 부스러기를 포함한다)를 말한다. 다만, 합성수지의섬유·옷감·종이 및 실과 이들의 넝마와 부스러기를 제외한다.

2.8 체절운전

체절운전은 송수가 차단된 상태(펌프의 토출량이 0인 상태)에서 펌프가 운전되는 것을 말한다. 체절운전 상태에서의 압력을 체절압력이라고 하며 소방용펌프의 체절압력(shutoff head)은 정격토출압력의 최소 101%에서 최대 140%이하로 제한하고 있다. 이는 부하(유량)가 적을 경우 압력이 가파르게 상승하는 것을 방지하기 위함이다.

체절압력에 펌프 흡입측의 정압을 더한 값이 배관계통의 최대사용압력이 되는데 이 최대사용압력이 스프링클러설비의 배관계통에 사용하는 플랜지, 유수검지장치 및 스프링클러헤드의 최대사용압력보다 높으면 배관계통에 무리가 갈 수 있다.

KS B 1501에 의하면, 철강제관 플랜지의 최대사용압력은 유체온도 120℃이하에서 KS 10 K 플랜지는 1.37 MPa, KS 16 K 플랜지는 2.16 MPa(KS 20 K 플랜지의 경우에는), 2.75 MPa이하가 되도록 하여야 한다.

따라서, 스프링클러설비의 안전을 고려하여 펌프선정 시 체절압력을 스프링클러설비의 최대사용압력이하가 되도록 하여야 한다. 설치된 펌프의 체절운전압력이 스프링클러설비의 최대사용압력보다 높을 경우에는 펌프의 토출측(체크밸브 이전)에 릴리프밸브를 설치하여 토출출의 압력을 스프링클러설비의 최대사용압력이하로 줄여 주어야 한다.

2.9 스프링클러헤드

스프링클러헤드라 함은 화재 시의 가압된 물이 내뿜어져 분산됨으로써 소화기능을 하는 헤드를 말하며, 감열체의 설치 유무에 따라 감열체가 설치되어 정상상태에서 방수구를 막고 있는 폐쇄형스프링클러헤드와 감열체가 설치되지 않은 개방형 스프링클러헤드로 분류된다. 감열체란 정상상태에서 스프링클러헤드의 방수구를 막고 있다가 화재발생 시 열에 의하여 일정한 온도에 도달하면 감열체 스스로 파괴·용해되어 스프링클러헤드로부터 이탈됨으로써 방수구가 개방되어 스프링클러 헤드로부터 물이 방사되도록 하는 부분을 말한다. 개방형스프링클러헤드는 감열체가 설치되지 않고 정상상태에서 방수구가 개방되어 있는 스프링클러헤드로서, 화재 시 감지기능이 없으므로 별도의 화재감지기를 설치하는 일제살수식 스프링클러설비 등에 사용된다. 한편, 폐쇄형스프링클러헤드는 감열체가 설치되어 있어 정상상태에서 방수구가 폐쇄되어 있는 스프링클러헤드로서 화재 시 감열체 스스로 파괴·용해되어 스프링클러헤드로부터 감열체가 이탈됨으로써 화재감지기능이 있으므로 습식 및 건식, 준비작동식 설비에 사용된다. 제품의 성능기준은 『소방시설 설치유지 및 안전관리에 관한 법률』제36조 및 『스프링클러헤드의 형식승인 및 검정기술기준(KOFEIS 0501)』에 의하여 형식승인을 받은 제품을 사용하도록 규정하고 있다.

2.10 배관

스프링클러의 배관으로는 입상배관, 수평주행배관, 주배관, 급수배관, 교차배관, 가지배관 등으로 구분한다. 주 배관(Feed mains)은 직접 또는 입상관을 통하여 교차배관에 급수하는 배관을 말한다. 입상관(Riser)은 스프링클러설비의 모든 수직 급수배관을 말하며 시스템입상관(System Riser)은 스프링클러설비의 배관 중 유수검지장치 및 제어밸브가 설치되는 수직배관(또는 수평배관)을 말한다. 넓은 의미의 주 배관은 가압송수장치로부터 시스템 입상관까지의 모든 배관을 말한다. 급수배관은 수원 - 소화펌프 - 주 배관(옥외소화배관~건물내 입상배관) - 수평주행배관 - 교차배관 - 가지배관 - 신축배관 - 스프링클러헤드 또는 옥외송수구 - 주배관(건물내 입상배관) - 수평주행배관 - 교차배관 - 가지배관 - 신축배관 - 스프링클러헤드까지의 경로에 있는 모든 배관을 말한다.

또, 교차배관은 수평주행배관 중 가지배관에 소화용수를 공급하는 배관으로 가지배관의 하부 또는 측면에 설치되어 가지배관과 교차되는 배관을 말한다. 한편, 가지배관은 스프링클러헤드가 설치된 관이다.

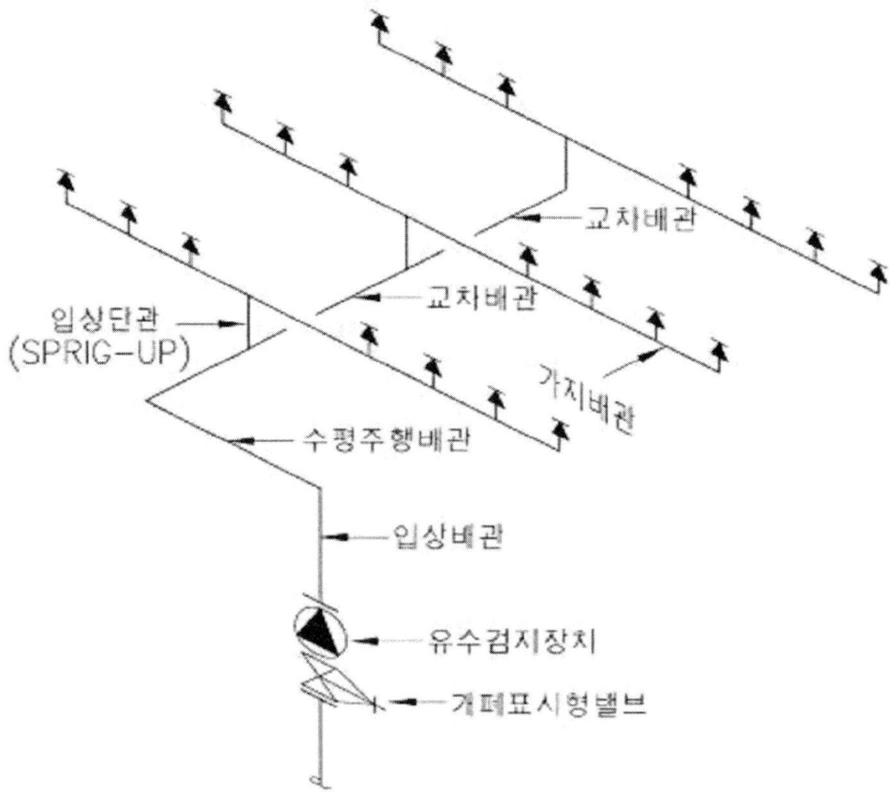

그림 2.5 스프링클러설비 배관

제3장. 스프링클러의 동작 실습

세한대학교의 소방방재시스템센터의 소방기계실습실에 설치된 스프링클러설비를 이용하여 각각의 동작순서 및 복구순서를 살펴보면 다음과 같다.

3.1 습식 스프링클러(Wet Type Sprinkler System)

3.2 건식 스프링클러(Dry Type Sprinkler System)

3.3 준비작동식 스프링클러(Pre-action Type Sprinkler System)

3.4 일제살수식 스프링클러설비(Deluge Type sprinkler system)

3.1 습식 스프링클러

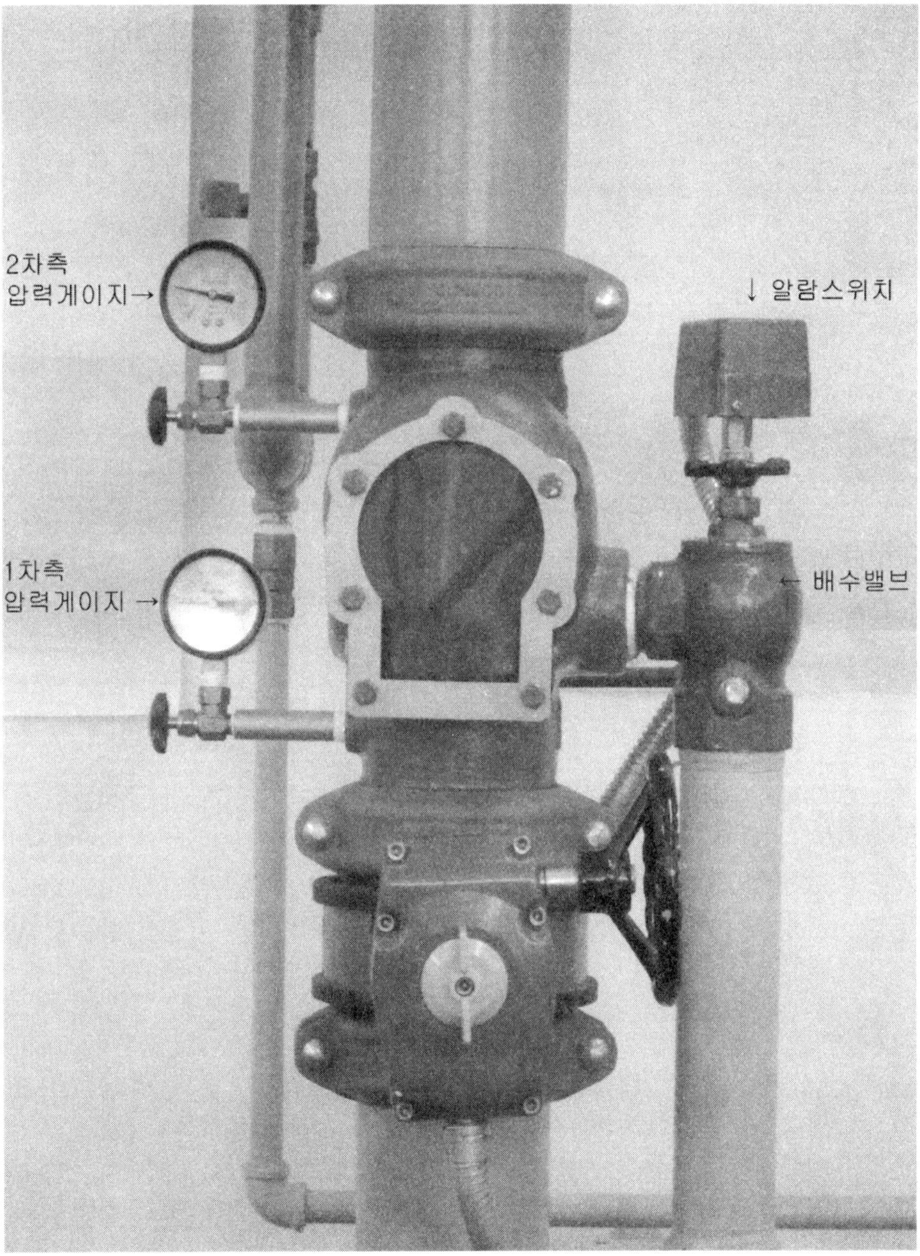

◈ 작 동

1. 스프링클러 헤드에서 화재를 감지하여 헤드가 개방된 상태를 별도로 헤드스위치를 이용하여 ON/OFF로 대치하였는데 이 스위치를 On하면 '주경종, 사이렌, 부저'가 울린다.
2. 수신기의 표시판에는 '알람밸브' 램프가 점등한다.
3. 헤드에서 살수되는 것을 확인하고 헤드스위치를 Off한다.

◈ 복 구

1. 버터플라이밸브(Butterfly Valve)를 닫는다.

2. 배수밸브를 열어 배관내의 물을 방수한다.
3. 경보정지밸브를 닫아 둔다.
4. 배수가 완전히 되었나 확인하고 배수밸브를 닫는다.
5. 버터플라이밸브(Butterfly Valve)를 연다.
6. 충수를 확인한 후 경보정지밸브를 연다.
7. 수신기의 '수신기복구'를 눌러 복구한다.

※ 펌프시스템의 연동 : 배관내 압력저하시 작동

1. 압력탱크의 압력 스위치 작동
2. 수신기의 '펌프압력스위치 소화', '펌프압력스위치 소화보조주' Lamp 점등
3. MCC의 '주펌프', '보조펌프' On시 수신기의 '기동확인소화주', '기동확인소화보조주'가 점등되며 기동

3.2 건식 스프링클러

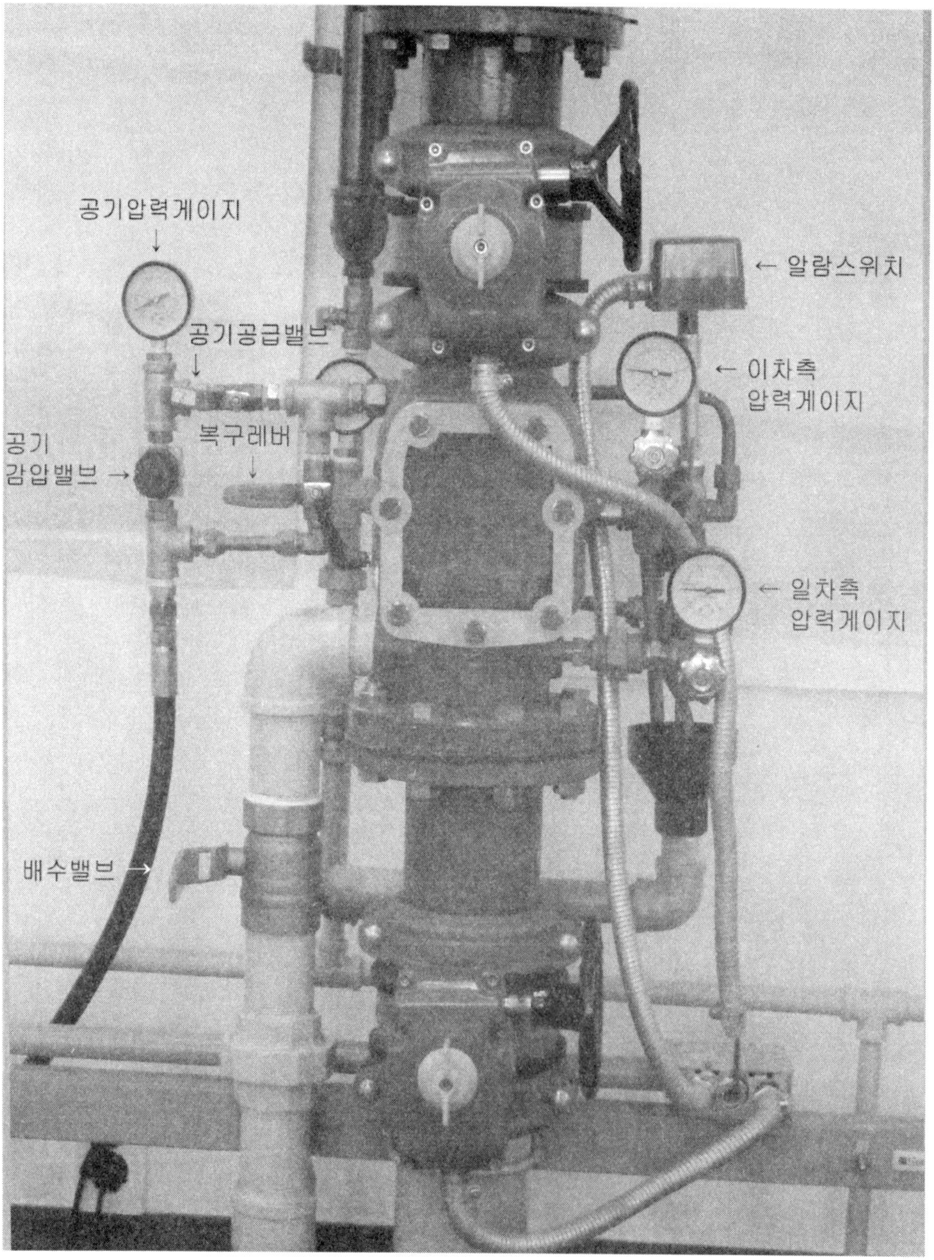

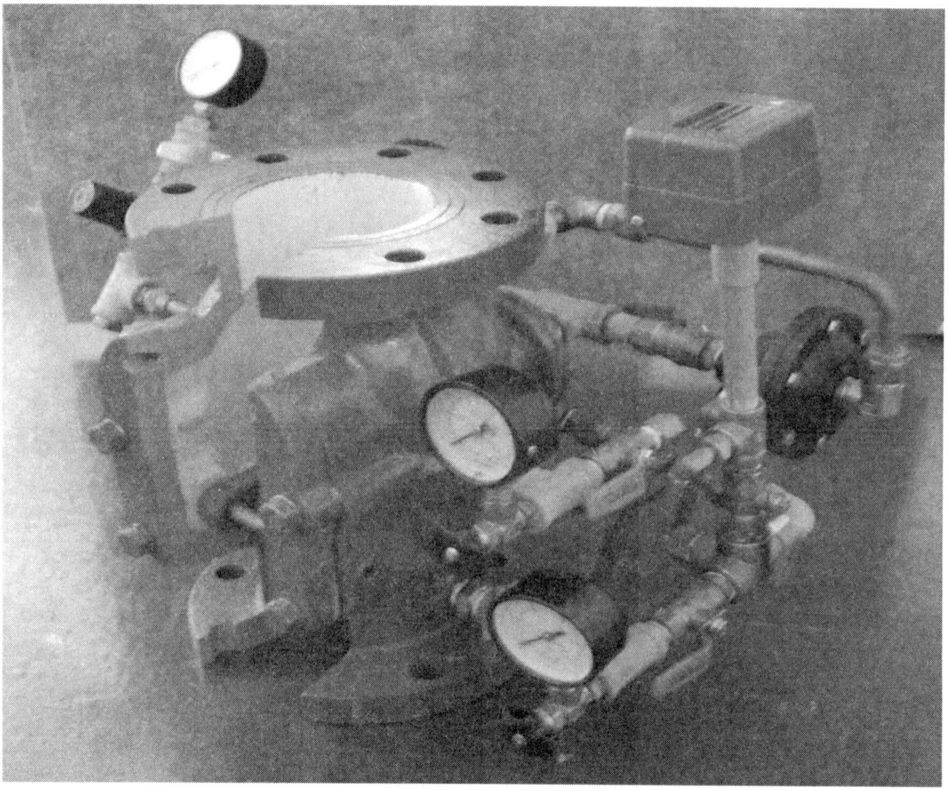

◈ 작 동

1. 헤드스위치를 On하면 주경종, 사이렌 부저가 울린다.
2. 수신기에서 '드라이밸브' 램프가 점등 된다.
3. 헤드에서 살수되는 것을 확인하고 헤드스위치 Off 한다.

◈ 복 구

1. 버트플라이밸브(Butterfly valve)를 닫는다.
2. 물공급밸브를 닫는다.공기공급밸브를 닫는다.

3. 알람스위치밸브를 닫는다.
4. 배수밸브를 서서히 열어 2차배관의 물을 배수한다.
5. 셋팅밸브를 닫는다.
6. 배수가 완료되면 배수밸브를 잠근다.
7. 알람스위치밸브의 자동드레인 공이가 유연한지 눌러서 확인한다.
8. 복구레버를 뒤로 가볍게 밀어 밸브내의 클레퍼가 잘 안착 되도록 한다.
9. 물공급밸브를 연다.
10. 공기공급밸브를 연다. 이때 공기감압밸브의 압력은 [1.5~7kg/㎠]정도로 유지한 다.
11. 셋팅밸브를 연다.
12. 버터플라이밸브(Butterfly valve)를 연다.
13. 알람스위치밸브를 연다.
14. 수신기 복구를 눌러 원상 복구한다.

3.3 준비작동식스프링클러

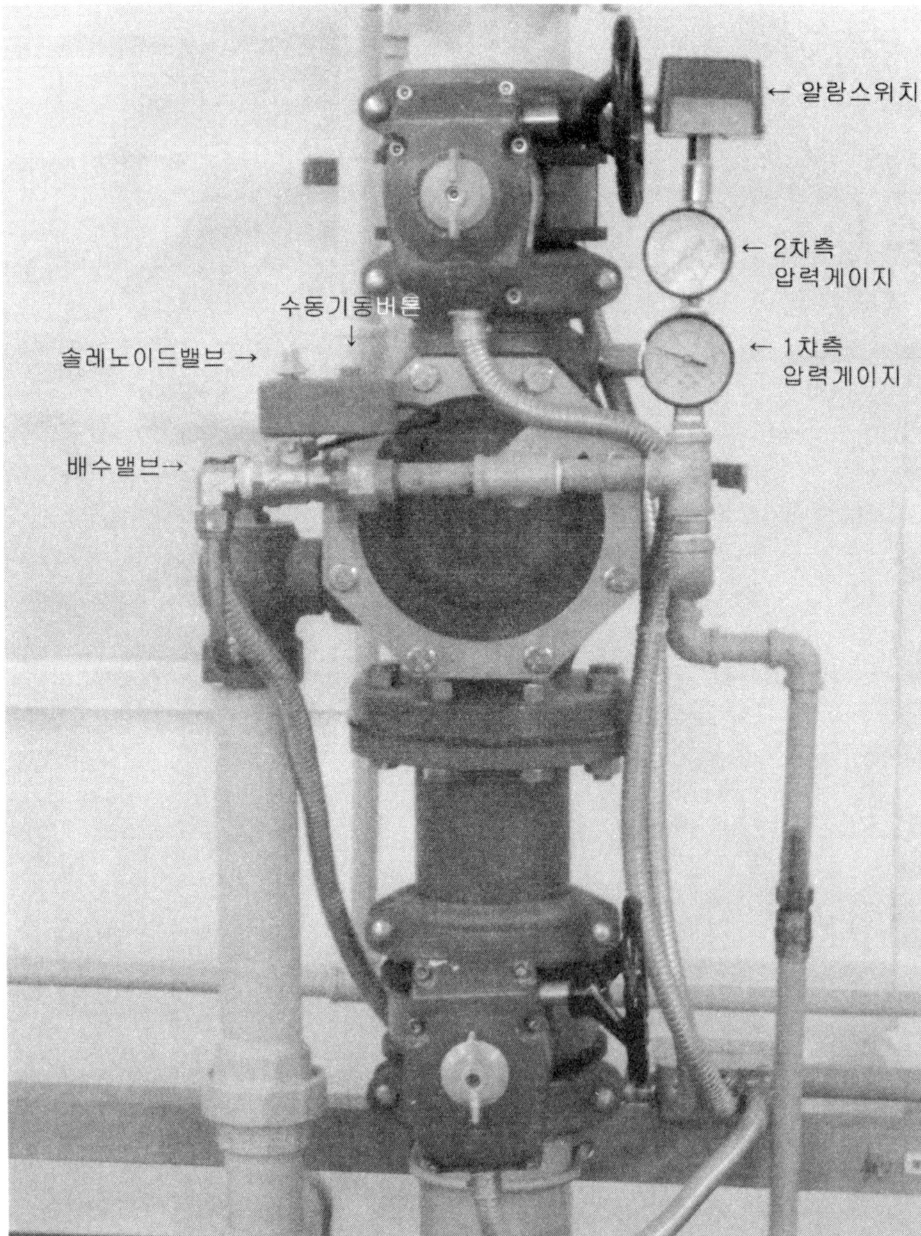

◈ 작 동

1. 감지기 A, 감지기B를 동작(Push)하면 주경종, 사이렌, 부저가 울린다.
2. 솔레노이드밸브가 자동으로 동작되어 레버가 회전하여 수평이 된다.
3. 헤드스위치를 On으로 한다.
4. 수신기의 표시판에는 '프리액션감지기 A', '프리액션감지기B', '방출확인프리액션' 램프

가 점등되어 나타난다.

5. 헤드에서 살수되는 것을 확인하고 헤드스위치를 Off한다.

◈ 복 구

1. 감지기 A와 B를 On하여 리셋(Reset)시킨다. (1회 Push:ON, 2회 Push: Off)
2. 수신기의 '수신기복구'를 눌러 리세트한다.
3. 버터플라이밸브(butterfly valve)를 닫는다.
4. 셋팅밸브를 닫는다.
5. 배수밸브를 서서히 열어 2차 배관의 물을 배수시킨다.
6. 배수가 다 된 것과 밸브내의 다이어프램이 후진하였는지 확인한다.
7. 솔레노이드밸브의 수동기동버튼을 누르고 레버를 시계방향으로 90도 회전시킨다.
8. 배수밸브를 닫는다.
9. 셋팅밸브를 연다.
10. 버터플라이밸브(butterfly valve)를 연다.

3.4 일제살수식 스프링클러설비

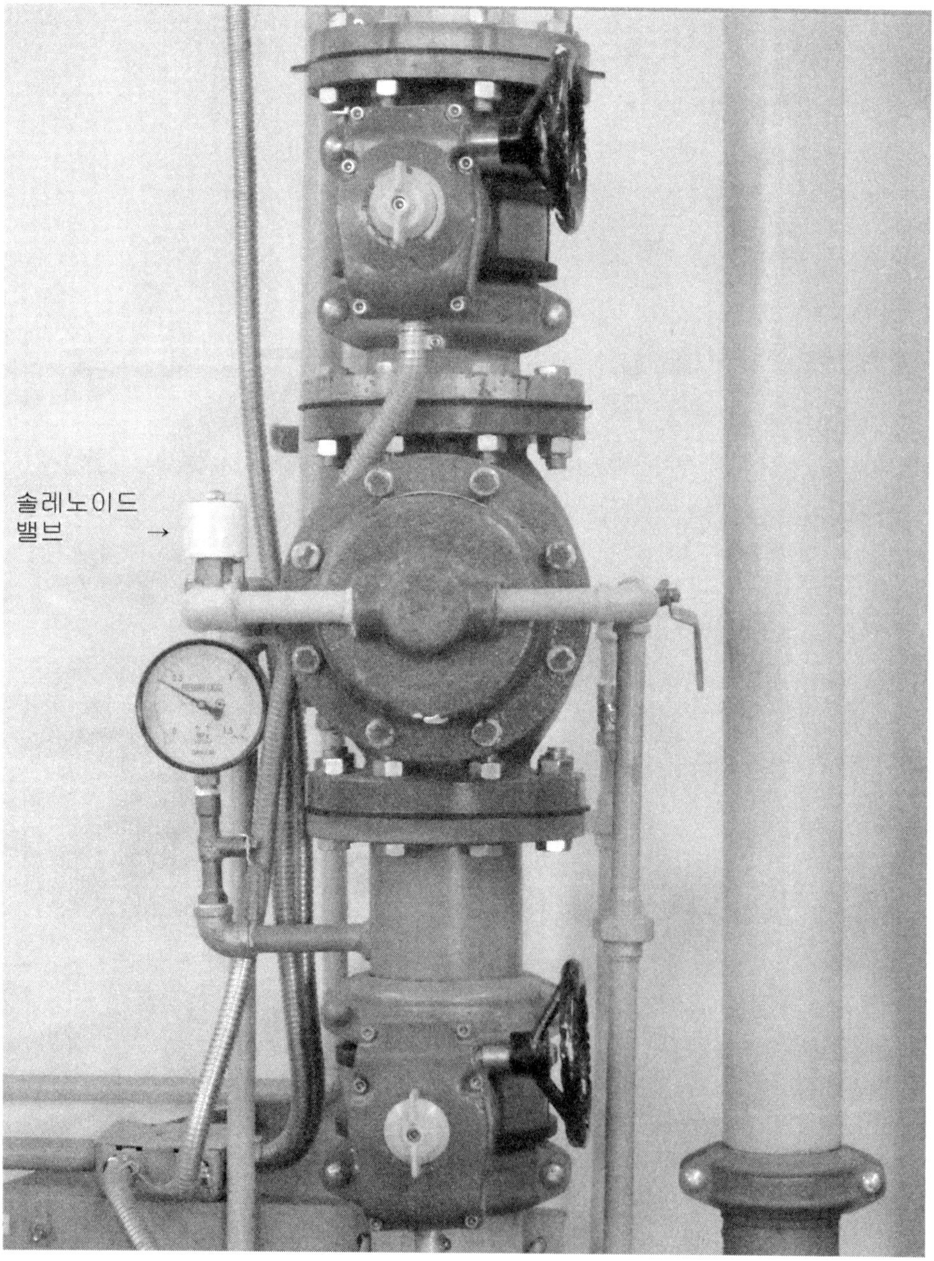

◈ 작 동

1. 감지기A, 감지기B를 동작(Push)시키면 주경종, 사이렌, 부저가 울린다.
2. 솔레노이드밸브가 자동으로 작동하는데 외관으로는 표시가 없다.
3. 헤드스위치를 On한다.
4. 수신기의 '델류지감지기A', '델류지감지기B', '방출확인델류지' 램프가 표시된다.
5. 헤드에서 살수되는 것을 확인하고 헤드스위치를 Off한다.

◈ 복 구

1. 감지기 A와 B를 눌러(Push)하여 복구시킨다.
2. 수신기의 '수신기복구'를 눌러 복구시킨다.
3. 버터플라이밸브(Butterfly Valve)를 닫는다.
4. 셋팅밸브를 닫는다.
5. 배수밸브를 서서히 열어 2차배관의 물을 배수시킨다. (배수가 더디면 보조배수밸브를 열어 배수를 원활하게 한다.)
6. 배수가 끝나면 배수밸브 및 보조배수밸브를 닫는다.
7. 셋팅밸브를 연다. 완전하게 열면 수압이 세게 걸리므로 약 45도 정도로 잠근다.
8. 버터플라이밸브를 연다.

제4장. 화재안전기준

우리나라의 화재안전기준에서 규정하고 있는 각종 스프링클러 설비에 대한 규정을 보면 다음과 같다

4.1 간이스프링클러설비의 화재안전기준(NFSC 103A)
소방방재청고시 제2009-31호 (2009.8.24.)

4.2 스프링클러설비의 화재안전기준(NFSC 103)
소방방재청고시제2012-89호 (2012. 2. 15.)

4.3 화재조기진압용 스프링클러설비의 화재안전기준
(NFSC 103B) 소방방재청고시 제2009-40호
(2009.10.22.)

4.4 스프링클러설비의 화재안전기준(NFSC 103)해설서

제8조(수직배수배관)-제18조(재검토 기한)

4.1

간이스프링클러설비의 화재안전기준(NFSC 103A)

제1조(목적) 이 기준은 소화설비인 간이스프링클러설비의 설치유지 및 안전관리에 필요한 사항을 규정함을 목적으로 한다.

제2조(적용범위) 소방시설 설치유지 및 안전관리에 관한 법률(이하 "법"이라 한다) 제9조제1항 및 동법률시행령(이하 "영"이라 한다) 별표 4 소화설비의 소방시설 적용기준 란 제4호의 규정에 따른 간이스프링클러설비는 이 기준에서 정하는 규정에 따라 설비를 설치하고 유지 관리하여야 한다.

제3조(정의) 이 기준에서 사용하는 용어의 정의는 다음과 같다.

1. "간이헤드"라 함은 간이형스프링클러헤드 또는 표준형스프링클러헤드(조기반응형을 말한다)를 말한다.
2. 폐쇄형간이헤드"라 함은 정상상태에서 방수구를 막고 있는 감열체가 일정온도에서 동적으로 파괴·용해 또는 이탈됨으로써 방수구가 개방되는 간이헤드를 말한다.
3. "개방형간이헤드"라 함은 감열체 없이 방수구가 항상 열려져 있는 간이헤드를 말한다.
4. "고가수조"라 함은 구조물 또는 지형지물 등에 설치하여 자연낙차 압력으로 급수하는 수조를 말한다.
5. "압력수조"라 함은 소화용수와 공기를 채우고 일정압력 이상으로 가압하여 그 압력으로 급수하는 수조를 말한다.
6. "가압수조"라 함은 가압원인 압축공기 또는 불연성 고압기체에 따라 소방용수를 가압시키는 수조를 말한다.
7. "진공계"라 함은 대기압 이하의 압력을 측정하는 계측기를 말한다.
8. "연성계"라 함은 대기압 이상의 압력과 대기압 이하의 압력을 측정할 수 있는 측

기를 말한다.

9. 기동용수압개폐장치"라 함은 소화설비의 배관 내 압력변동을 검지하여 자동적으로펌프를 기동 및 정지시키는 것으로서 압력챔버 또는 기동용압력스위치등을 말한다.
10. "가지배관"이라 함은 간이헤드가 설치되어 있는 배관을 말한다.
11. "교차배관"이라 함은 직접 또는 수직배관을 통하여 가지배관에 급수하는 배관을 말한다.
12. "주배관"이라 함은 각 층을 수직으로 관통하는 수직배관을 말한다.
13. "신축배관"이라 함은 가지배관과 간이헤드를 연결하는 구부림이 용이하고 유연성을 가진 배관을 말한다.
14. "급수배관"이라 함은 수원 및 옥외송수구로부터 간이헤드에 급수하는 배관을 말한다.
15. "유수검지장치"라 함은 습식유수검지장치(패들형을 포함한다), 건식유수검지장치, 준비작동식유수검지장치를 말하며 본체내의 유수현상을 자동적으로 검지하여 신호또는 경보를 발하는 장치를 말한다〈개정 2008.12.15〉.
16. "일제개방밸브"라 함은 개방형스프링클러헤드를 사용하는 일제살수식 스프링클러설비에 설치하는 밸브로서 화재 발생시 자동 또는 수동식 기동장치에 따라 밸브가 열려지는 것을 말한다〈개정 2008.12.15〉.
17. "반사판(디프렉타)"이라 함은 간이헤드의 방수구에서 유출되는 물을 세분시키는 작용을 하는 것을 말한다.
18. "개폐표시형밸브"라 함은 밸브의 개폐여부를 외부에서 식별이 가능한 밸브를 말한다.

제4조(수원) ① 간이스프링클러설비의 수원은 다음 각호와 같다.

1. 상수도설비에 직접 연결하는 경우에는 수돗물
2. 제1호외의 수조를 설치하고자 하는 경우에는 적어도 1개 이상의 자동급수를 갖추어야 하며, 2개의 간이헤드에서 최소 10분(근린생활시설의 경우에는 20분)이

상 방수할 수 있는 양 이상으로 할 것

② 간이스프링클러설비의 수원을 수조로 설치하는 경우에는 소방설비의 전용수조로 하여야 한다. 다만, 다음 각호의 1에 해당하는 경우에는 그러하지 아니하다.

1. 간이스프링클러펌프의 후드밸브 또는 흡수배관의 흡수구(수직회전축펌프의 흡수구 를 포함한다. 이하 같다)를 다른 설비(소방용 설비 외의 것을 말한다. 이하 같다)의 후드밸브 또는 흡수구보다 낮은 위치에 설치한 때
2. 제5조 제3항의 규정에 따른 고가수조로부터 간이스프링클러설비의 수직배관에 물을 공급하는 급수구를 다른 설비의 급수구보다 낮은 위치에 설치한 때

③ 제1항제2호의 규정에 따른 저수량을 산정함에 있어서 다른 설비와 겸용하여 간이스프링클러설비용 수조를 설치하는 경우에는 간이스프링클러설비의 후드밸브·흡수구 또는 수직배관의 급수구와 다른 설비의 후드밸브·흡수구 또는 수직배관의 급수구와의 사이의 수량을 그 유효수량으로 한다.

④ 간이스프링클러설비용 수조는 다음 각호의 기준에 따라 설치하여야 한다.

1. 점검에 편리한 곳에 설치할 것
2. 동결방지조치를 하거나 동결의 우려가 없는 장소에 설치할 것
3. 수조의 외측에 수위계를 설치할 것. 다만, 구조상 불가피한 경우에는 수조의 맨홀 등을 통하여 수조 안의 물의 양을 쉽게 확인할 수 있도록 하여야 한다.
4. 수조의 상단이 바닥보다 높은 때에는 수조의 외측에 고정식 사다리를 설치할것
5. 수조가 실내에 설치된 때에는 그 실내에 조명설비를 설치할 것
6. 수조의 밑부분에는 청소용 배수밸브 또는 배수관을 설치할 것
7. 수조의 외측의 보기 쉬운 곳에 "간이스프링클러설비용 수조"라고 표시한 표지를 할 것. 이 경우 그 수조를 다른 설비와 겸용하는 때에는 그 겸용되는 설비의이름을 표시한 표지를 함께 하여야 한다.
8. 간이스프링클러펌프의 흡수배관 또는 간이스프링클러설비의 수직배관과 수조의 접속 부분에는 "간이스프링클러설비용 배관"이라고 표시한 표지를 할 것. 다만,수조와 가까운 장소에 간이스프링클러펌프가 설치되고 "간이스프링클러설비펌프“ 라고 표지를 설치한 때에는 그러하지 아니하다.

제5조(가압송수장치) ① 상수도설비에 직접 연결하거나 펌프·고가수조·압력수조·가압수조를 이용하는 가압송수장치를 설치하는 경우에 있어서의 정격토출압력은 가장 먼가지배관에서 2개의 간이헤드를 동시에 개방할 경우 간이헤드 선단의 방수압력은 0.1 ㎫ 이상, 간이스프링클러헤드 1개의 방수량은 50ℓ/min(표준형헤드를 설치 하는 경우에는 80ℓ/min) 이상이어야 한다.

② 전동기 또는 내연기관에 따른 펌프를 이용하는 가압송수장치는 다음 각호의 기준에 따라 설치하여야 한다.

1. 쉽게 접근할 수 있고 점검하기에 충분한 공간이 있는 장소로서 화재 및 침수등의 재해로 인한 피해를 받을 우려가 없는 곳에 설치할 것
2. 동결방지조치를 하거나 동결의 우려가 없는 장소에 설치할 것
3. 펌프는 전용으로 할 것. 다만, 다른 소화설비와 겸용하는 경우 각각의 소화설비의성능에 지장이 없을 때에는 그러하지 아니하다.
4. 펌프의 토출측에는 압력계를 체크밸브 이전에 펌프토출측 플랜지에서 가까운곳에 설치하고, 흡입측에는 연성계 또는 진공계를 설치할 것. 다만, 수원의 수위가 펌프의 위치보다 높거나 수직회전축 펌프의 경우에는 연성계 또는 진공계를 설치하지 아니할 수 있다.
5. 가압송수장치에는 정격부하운전 시 펌프의 성능을 시험하기 위한 배관을 설치할 것. 다만, 충압펌프의 경우에는 그러하지 아니하다.
6. 가압송수장치에는 체절운전시 수온의 상승을 방지하기 위한 순환배관을 설치할 것. 다만, 충압펌프의 경우에는 그러하지 아니하다.
7. 기동장치로는 기동용수압개폐장치 또는 이와 동등 이상의 성능이 있는 것을 설치할 것
8. 수원의 수위가 펌프보다 낮은 위치에 있는 가압송수장치에는 다음의 기준에 따른 물올림장치를 설치할 것
   가. 물올림장치에는 전용의 탱크를 설치할 것
   나. 탱크의 유효수량은 100ℓ 이상으로 하되, 구경 15 ㎜ 이상의 급수배관에 따라당해탱크에 물이 계속 보급되도록 할 것
9. 내연기관을 사용하는 경우에는 제어반에 따라 내연기관의 자동기동 및 수동기

동이 가능하고, 상시 충전되어 있는 축전지설비를 갖출 것

10. 가압송수장치가 기동이 된 경우에는 자동으로 정지되지 아니하도록 하여야 한다. 다만, 충압펌프의 경우에는 그러하지 아니하다.〈개정 2008.12.15〉

③ 고가수조의 자연낙차를 이용한 가압송수장치는 다음 각호의 기준에 따라 설치하여야 한다.

1. 고가수조의 자연낙차수두(수조의 하단으로부터 최고층에 설치된 헤드까지의 수직거리를 말한다)는 다음의 식에 따라 산출한 수치 이상이 되도록 할 것

   $H = h_1 + 10$

   H : 필요한 낙차(m)

   h_1 : 배관의 마찰손실수두(m)

2. 고가수조에는 수위계·배수관·급수관·오버플로우관 및 맨홀을 설치할 것

④ 압력수조를 이용한 가압송수장치는 다음 각호의 기준에 따라 설치하여야 한다.

1. 압력수조의 압력은 다음의 식에 따라 산출한 수치 이상으로 할 것

   $P = p_1 + p_2 + 0.1$

   P : 필요한 압력(MPa)

   p_1 : 낙차의 환산수두압(MPa)

   p_2 : 배관의 마찰손실수두압(MPa)

2. 압력수조에는 수위계·급수관·배수관·급기관·맨홀·압력계· 안전장치 및 압력저하 방지를 위한 자동식 공기압축기를 설치 할 것

⑤ 가압수조를 이용한 가압송수장치는 다음 각호의 기준에 따라 설치하여야 한다.

1. 가압수조의 압력은 간이헤드 2개를 동시에 개방할 때 적정방수량 및 방수압이 10분 이상 유지되도록 할 것
2. 가압수조의 수조는 최대상용압력 1.5배의 물의 압력을 가하는 경우 물이 새거나 변형이 없어야 할 것
3. 가압수조에는 수위계·급수관·배수관·급기관·압력계 및 안전장치를 설치할 것

제6조(폐쇄형 간이 스프링클러설비의 방호구역 ·유수검지장치) 폐쇄형간이스프링클러설비의 방호구역(간이스프링클러설비의 소화범위에 포함된 영역을 말한다. 이하 같다)· 유수검지장치는 다음 각호의 기준에 적합하여야 한다.

〈개정 2008.12.15〉

1. 하나의 방호구역의 바닥면적은 3,000 ㎡를 초과하지 아니할 것
2. 하나의 방호구역에는 1개 이상의 유수검지장치를 설치하되, 화재발생시 접근이 쉽고 점검하기 편리한 장소에 설치할 것〈개정 2008.12.15.〉
3. 하나의 방호구역은 2개층에 미치지 아니하도록 할 것. 다만, 1개층에 설치되는 간이헤드의 수가 10개 이하인 경우에는 3개층 이내로 할 수 있다.
4. 유수검지장치를 실내에 설치하거나 보호용 철망 등으로 구획하여 바닥으로부터0.8 m 이상 1.5 m 이하의 위치에 설치하되, 그 실 등에는 가로 0.5 m 이상 세로 1 m 이상의 출입문을 설치하고 그 출입문 상단에 "유수검지장치실"이라고 표시한 표지를 설치할 것. 다만, 유수검지장치를 기계실(공조용기계실을 포함한다)안에 설치하는 경우에는 별도의 실 또는 보호용 철망을 설치하지 아니하고 기계실 출입문 상단에 "유수검지장치실"이라고 표시한 표지를 설치할 수 있다.

   〈개정 2008.12.15.〉
5. 간이헤드에 공급되는 물은 유수검지장치를 지나도록 할 것. 다만, 송수구를 통하여 공급되는 물은 그러하지 아니하다.〈개정 2008.12.15〉
6. 자연낙차에 따른 압력수가 흐르는 배관 상에 설치된 유수검지장치는 화재시 물의 흐름을 검지할 수 있는 최소한의 압력이 얻어질 수 있도록 수조의 하단으로부터 낙차를 두어 설치할 것〈개정 2008.12.15〉

제7조(개방형간이스프링클러설비의 방수구역 및 일제개방밸브) 개방형간이스프링클러설비의 방수구역 및 일제개방밸브는 다음 각호의 기준에 적합하여야 한다.

1. 하나의 방수구역은 2개층에 미치지 아니 할 것
2. 방수구역마다 일제개방밸브를 설치할 것
3. 하나의 방수구역을 담당하는 헤드의 개수는 50개 이하로 할 것. 다만, 2개 이상의 방수구역으로 나눌 경우에는 하나의 방수구역을 담당하는 헤드의 개수는 25개

이상으로 할 것

4. 이일제개방밸브의 설치위치는 제6조제4호의 기준에 따르고, 표지는“일제개방밸브실” 라고 표시할 것〈개정 2008.12.15.〉

제8조(배관 및 밸브) ① 배관은 배관용탄소강관(KS D 3507) 또는 배관내 사용압력이1.2 ㎫ 이상일 경우에는 압력배관용탄소강관(KS D 3562)이나 이와 동등 이상의 강도·내식성 및 내열성을 가진 것으로 하여야 한다. 다만, 습식간이스프링클러설비 의 배관은 이음매 없는 동 및 동합금(KS D 5301)의 배관용 동관을 사용할수 있다.

② 제1항의 규정에 불구하고 다음 각호의 1에 해당하는 장소에는 소방방재청장이 정하여 고시하는 성능시험기술기준에 적합한 소방용 합성수지배관으로 설치할 수있다.

1. 배관을 지하에 매설하는 경우
2. 다른 부분과 내화구조로 구획된 덕트 또는 피트의 내부에 설치하는 경우
3. 천장(상층이 있는 경우에는 상층바닥의 하단을 포함한다. 이하 같다)과 반자를 불연재료 또는 준불연재료로 설치하고 그 내부에 습식으로 배관을 설치하는 경우

③ 급수배관은 다음 각호의 기준에 따라 설치하여야 한다.

1. 전용으로 할 것. 다만, 간이스프링클러설비의 기동장치의 조작과 동시에 다른설비의 용도에 사용하는 배관의 송수를 차단할 수 있거나, 간이스프링클러설비의 성능에 지장이 없는 경우에는 다른 설비와 겸용할 수 있다.
2. 급수를 차단할 수 있는 개폐밸브는 개폐표시형으로 할 것. 이 경우 펌프의 흡입측배관에는 버터플라이밸브외의 개폐표시형밸브를 설치하여야 한다.
3. 배관의 구경은 제5조제1항의 규정에 적합하도록 수리계산에 의하거나 별표 1의 기준에 따라 설치할 것. 다만, 수리계산에 의하는 경우 가지배관의 유속은 6 ㎧, 그밖의 배관의 유속은 10 ㎧를 초과할 수 없다.

④ 펌프의 흡입측배관은 다음 각호의 기준에 따라 설치하여야 한다.

1. 공기고임이 생기지 아니하는 구조로 하고 여과장치를 설치할 것
2. 수조가 펌프보다 낮게 설치된 경우에는 각 펌프(충압펌프를 포함한다)마다 수조로부터 별도로 설치할 것

⑤ 연결송수관설비의 배관과 겸용할 경우의 주배관은 구경 100 ㎜ 이상, 방수구 연결되는 배관의 구경은 65 ㎜ 이상의 것으로 하여야 한다.

⑥ 펌프의 성능은 체절운전 시 정격토출압력의 140%를 초과하지 아니하고, 정격토출량의 150%로 운전 시 정격토출압력의 65% 이상이 되어야 하며, 펌프의 성능시험배관은 다음 각호의 기준에 적합하여야 한다.

1. 성능시험배관은 펌프의 토출측에 설치된 개폐밸브 이전에서 분기하여 설치하고, 유량측정장치를 기준으로 전단 직관부에 개폐밸브를 후단 직관부에는 유량조절밸브를 설치할 것
2. 유량측정장치는 성능시험배관의 직관부에 설치하되, 펌프의 정격토출량의 175% 이상 측정할 수 있는 성능이 있을 것

⑦ 가압송수장치의 체절운전 시 수온의 상승을 방지하기 위하여 체크밸브와 펌프사이에서 분기한 구경 20 ㎜ 이상의 배관에 체절압력 미만에서 개방되는 릴리프밸브를 설치하여야 한다.

⑧ 동결방지조치를 하거나 동결의 우려가 없는 장소에 설치하여야 한다.

⑨ 가지배관의 배열은 다음 각호의 기준에 따른다.

1. 토너먼트(tournament)방식이 아닐 것
2. 교차배관에서 분기되는 지점을 기점으로 한쪽 가지배관에 설치되는 간이헤드의 개수(반자 아래와 반자속의 헤드를 하나의 가지배관 상에 병설하는 경우에는 반자 아래에 설치하는 헤드의 개수)는 8개 이하로 할 것. 다만, 다음 각목의 1에 해당하는 경우에는 그러하지 아니하다.
   가. 기존의 방호구역 안에서 칸막이 등으로 구획하여 1개의 간이헤드를 증설하는 경우
   나. 습식간이스프링클러에 격자형 배관방식(2 이상의 수평주행배관 사이를 가지배관으로 연결하는 방식을 말한다)을 채택하는 때에는 펌프의 용량, 배관의 구경 등을 수리학적으로 계산한 결과 간이헤드의 방수압 및 방수량이 소화목적을 달성하는 데 충분하다고 인정되는 경우. 다만, 중앙소방기술심의위원회 또는 지방 소방기술심의위원회의 심의를 거친 경우에 한한다.
3. 가지배관과 간이헤드 사이의 배관을 신축배관으로 하는 경우에는 다음 각목의

기준에 적합할 것

가. 최고사용압력은 1.4 ㎫ 이상이어야 하고, 최고사용압력의 1.5배의 수압에 변형·누수되지 아니할 것

나. 진폭을 5 ㎜, 진동수를 매초 당 25회로 하여 6시간 동안 작동시킨 경우 또는 매초 0.35 ㎫부터 3.5 ㎫까지의 압력변동을 4,000회 실시한 경우에도 변형· 누수 되지 아니할 것

다. 신축배관의 설치길이는 스프링클러설비의 화재안전기준 제10조제3항의 거리를 초과하지 아니할 것

⑩ 습식간이스프링클러설비의 가지배관에 하향식간이헤드를 설치하는 경우에 가지배관으로부터 간이헤드에 이르는 헤드접속배관은 가지관상부에서 분기할 것. 다만, 소화설비용 수원의 수질이 먹는물관리법 제5조의 규정에 따라 먹는물의 수질기준에 적합하고 덮개가 있는 저수조로부터 물을 공급받는 경우에는 가지배관의 측면 또는 하부에서 분기할 수 있다.

⑪ 준비작동식유수검지장치 또는 일제개방밸브를 사용하는 간이스프링클러설비에 있어서 동밸브 2차측 배관의 부대설비는 다음 각호의 기준에 따른다.

〈개정 2008.12.15〉

1. 개폐표시형밸브를 설치할 것
2. 제1호의 규정에 따른 밸브와 준비작동식 유수검지장치또는 일제개방밸브 사이의 배관은 다음 각목과 같은 구조로 할 것〈개정 2008.12.15〉

가. 수직배수배관과 연결하고 동 연결배관 상에는 개폐밸브를 설치할 것

나. 자동배수장치 및 압력스위치를 설치할 것

다. 나목의 규정에 따른 압력스위치는 수신부에서 준비작동식유수검지장치 또는 일제개방밸브의 개방여부를 확인할 수 있게 설치할 것〈개정 2008.12.15〉

⑫ 습식유수검지장치 또는 건식유수검지장치를 사용하는 간이 스프링클러설비에는 동장치를 시험할 수 있는 시험 장치를 다음 각호의 기준에 따라 설치하여야 한다.

〈개정 2008.12.15〉

1. 유수검지장치에서 가장 먼 가지배관의 끝으로부터 연결·설치할 것

2. 시험장치배관의 구경은 유수검지장치에서 가장 먼 가지배관의 구경과 동일한구경으로 하고, 그 끝에 개방형간이헤드를 설치할 것. 이 경우 개방형간이헤드 는 반사판 및 프레임을 제거한 오리피스만으로 설치할 수 있다.
3. 시험배관의 끝에는 물받이 통 및 배수관을 설치하여 시험 중 방사된 물이 바닥에 흘러내리지 아니하도록 하여야 한다. 다만, 목욕실·화장실 또는 그 밖의 곳으로 서 배수처리가 쉬운 장소에 시험배관을 설치한 경우에는 그러하지 아니하다.

⑬ 배관에 설치되는 행가는 다음 각호의 기준에 따라 설치하여야 한다.

1. 가지배관에는 간이헤드의 설치지점 사이마다 1개 이상의 행가를 설치하되, 간이헤드간의 거리가 3.5 m를 초과하는 경우에는 3.5 m 이내마다 1개 이상 설치 할것. 이경우 상향식간이헤드와 행가 사이에는 8 ㎝ 이상의 간격을 두어야 한다.
2. 교차배관에는 가지배관과 가지배관 사이마다 1개 이상의 행가를 설치하되, 가지배관 사이의 거리가 4.5 m를 초과하는 경우에는 4.5 m이내마다 1개 이상설치 할 것
3. 제1호 내지 제2호의 수평주행배관에는 4.5 m 이내마다 1개 이상 설치할 것

⑭ 급수배관에 설치되어 급수를 차단할 수 있는 개폐밸브에는 그 밸브의 개폐상태를 감시제어반에서 확인할 수 있도록 급수개폐밸브 작동표시 스위치를 다음 각호의 기준에 따라 설치하여야 한다.

1. 급수개폐밸브가 잠길 경우 탬퍼스위치의 동작으로 인하여 감시제어반 또는 수신기에 표시 되어야 하며 경보음을 발할 것
2. 탬퍼스위치는 감시제어반 또는 수신기에서 동작의 유무확인과 동작시험, 도통시험을 할 수 있을 것
3. 급수개폐밸브의 작동표시 스위치에 사용되는 전기배선은 내화전선 또는 내열전선으로 설치할 것

⑮ 간이스프링클러설비 배관의 배수를 위한 기울기는 다음 각호의 기준에 따른다.

1. 습식간이스프링클러설비의 배관을 수평으로 할 것. 다만, 배관의 구조상 소화수가 남아 있는 곳에는 배수밸브를 설치하여야 한다.
2. 습식간이스프링클러설비외의 설비에는 헤드를 향하여 상향으로 수평주행배관의

기울기를 500분의 1 이상, 가지배관의 기울기를 250분의 1 이상으로 할 것. 다만, 배관의 구조상 기울기를 줄 수 없는 경우에는 배수를 원활하게 할 수 있도록 배수밸브를 설치하여야 한다.

⑯ 간이스프링클러설비의 배관 및 밸브 등의 순서는 다음 각호의 기준에 따라 설치하여야 한다.

1. 상수도설비에서 직접 연결하여 배관 및 밸브 등을 설치하는 경우에는 다음 각 목의 기준에 따라 설치할 것

가. 폐쇄형간이헤드를 사용하는 경우에는 수도용계량기, 개폐표시형개폐밸브, 체크밸브, 압력계, 유수검지장치(압력스위치 등 유수검지장치와 동등 이상의 기능과 성능이 있는 것을 포함한다. 이하 같다), 시험밸브. 다만, 『다중이용업소의 안전관리에 관한 특별법 시행령』 제9조에 따라 다중이용업소에 설치하는 상수도 직결방식의 간이스프링클러설비의 경우에는 유수검지장치를 설치하지 아니할 수 있다.

나. 개방형간이헤드를 사용하는 경우에는 수도용계량기, 개폐표시형개폐밸브, 압력계, 체크밸브, 압력 등 확인시험배관, 압력계, 일제개방밸브, 개폐표시형개폐밸브

2. 펌프 등의 가압송수장치를 이용하여 배관 및 밸브 등을 설치하는 경우에는 다음 각호의 기준에 따라 설치할 것

가. 폐쇄형간이헤드를 사용하는 경우에는 수원, 연성계 또는 진공계(수원이 펌프보다 높은 경우를 제외한다. 이하 같다), 펌프 또는 압력수조, 압력계, 체크밸브, 성능시험배관, 개폐표시형개폐밸브, 유수검지장치, 시험밸브

나. 개방형간이헤드를 사용하는 경우에는 수원, 연성계 또는 진공계, 펌프 또는 압력수조, 압력계, 체크밸브, 성능시험배관, 압력계, 일제개방밸브, 개폐표시형개폐밸브

3. 가압수조를 가압송수장치로 이용하여 배관 및 밸브등을 설치하는 경우에는 다각 호의 기준에 따라 설치할 것

가. 폐쇄형간이헤드를 사용하는 경우에는 수원, 가압수조, 압력계, 체크밸브, 성능시험배관, 개폐표시형개폐밸브, 유수검지장치, 시험밸브

나. 개방형간이헤드를 사용하는 경우에는 수원, 가압수조, 압력계, 체크밸브, 성능시험배관, 압력계, 일제개방밸브, 개폐표시형개폐밸브

⑰ 배관은 다른 설비의 배관과 쉽게 구분이 될 수 있는 위치에 설치하거나 그 배관 표면 또는 배관 보온재표면의 색상을 달리하는 방법 등으로 소방용설비의 배관임을 표시하여야 한다.〈개정 2008.12.15〉

⑱ 분기배관을 사용할 경우에는 한국소방산업기술원 또는 법제42조 제1항의 규정에 따라 성능시험기관으로 지정받은 기관에서 그 성능을 검증받은 것으로 설치하여야 한다.

제9조(간이헤드) 간이헤드는 다음 각호의 기준에 적합한 것을 사용하여야 한다.

1. 폐쇄형간이헤드를 사용할 것. 다만, 동파 등의 우려가 있는 장소에는 개방형간이헤드를 사용할 수 있다.
2. 간이헤드의 작동온도 는 실내의 최대 주위천장온도가 0℃ 이상 38℃ 이하인 경우 공칭작동온도가 57℃에서 77℃의 것을 사용하고, 39℃ 이상 66℃ 이하인 경우에는 공칭작동온도가 79℃에서 109℃의 것을 사용할 것
3. 간이형스프링클러헤드 하나의 방호면적은 13.4 ㎡ 이하로 하고 헤드와 헤드사이의거리는 3.7 m 이하(표준형스프링클러헤드를 설치하는 경우에는 헤드 하나의 방호면적은 21 ㎡ 이하, 헤드와 헤드 사이의 거리는 4.6 m 이하), 간이헤드에서 벽이나 칸막이까지의 거리는 0.3 m에서 1.8 m 이내가 되도록 설치할 것
4. 상향식간이헤드 또는 하향식간이헤드의 경우에는 간이헤드의 디플렉터에서 천장 또는 반자까지의 거리는 25 ㎜에서 102 ㎜ 이내가 되도록 설치하여야 하며, 측벽형간이헤드의 경우에는 102 ㎜에서 152 ㎜사이에 설치할 것 다만, 플러쉬 스프링클러헤드의 경우에는 천장 또는 반자까지의 거리를 102 ㎜ 이하가 되도록 설치할 수 있다.
5. 간이헤드는 천장 또는 반자의 경사·보·조명장치 등에 따라 살수장애의 영향을 받지 아니하도록 설치할 것
6. 제4호의 규정에 불구하고 소방대상물의 보와 가장 가까운 간이헤드는 다음표의 기준에 따라 설치할 것. 다만, 천장면에서 보의 하단까지의 길이가 55 ㎝를 초과

하고 보의 중심으로부터 간이헤드까지의 거리가 간이헤드 상호간 거리의 2분의 1 이하가 되는 경우에는 간이헤드와 그 부착면과의 거리를 55 ㎝ 이하로 할 수 있다.

간이헤드의 반사판 중심과 보의 수평거리	간이헤드의 반사판 높이와 보의 하단 높이의 수직거리
0.75 m 미만	보의 하단보다 낮을 것
0.75 m 이상 1 m 미만	0.1 m 미만일 것
1 m 이상 1.5 m 미만	0.15 m 미만일 것
1.5 m 이상	0.3 m 미만일 것

7. 상향식간이헤드 아래에 설치되는 하향식간이헤드에는 상향식 헤드의 방출수를 차단할 수 있는 유효한 차폐판을 설치할 것
8. 간이스프링클러설비를 설치하여야 할 소방대상물에 있어서는 간이헤드 설치 제외에 관한 사항은 스프링클러설비의 화재안전기준 제15조제1항의 규정을 준용한다.

제10조(음향장치 및 기동장치) ① 간이스프링클러설비의 음향장치 및 기동장치는 다음 각호의 기준에 따라 설치하여야 한다.

1. 습식유수검지장치 또는 건식유수검지장치를 사용하는 설비에 있어서는 간이헤드가 개방되면 유수검지장치가 화재신호를 발신하고 그에 따라 음향장치가 경보되도록 할 것〈개정 2008.12.15〉
2. 음향장치는 유수검지장치 및 일제개방밸브의 담당구역마다 설치하되 그 구역의 각 부분으로부터 하나의 음향장치까지의 수평거리는 25 m 이하가 되도록 할것〈개정 2008.12.15〉
3. 음향장치는 경종 또는 사이렌(전자식 사이렌을 포함한다)으로 하되, 주위의 소음및 다른 용도의 경보와 구별이 가능한 음색으로 할 것. 이 경우 경종 또는 사이렌은 자동화재탐지설비·비상벨설비 또는 자동식사이렌설비의 음향장치와 겸용할 수 있다.

4. 주음향장치는 수신기의 내부 또는 그 직근에 설치할 것.
5. 5층(지하층을 제외한다) 이상으로서 연면적이 3,000 ㎡를 초과하는 소방대상물 또는 그 부분에 있어서는 2층 이상의 층에서 발화한 때에는 발화층 및 그 직상층에 한하여, 1층에서 발화한 때에는 발화층·그 직상층 및 지하층에 한하여, 지하층에서 발화한 때에는 발화층·그 직상층 및 기타의 지하층에 한하여 경보를 발할 수 있도록 할 것
6. 음향장치는 다음 각목의 기준에 따른 구조 및 성능의 것으로 할 것
   가. 정격전압의 80% 전압에서 음향을 발할 수 있는 것으로 할 것
   나. 음량은 부착된 음향장치의 중심으로부터 1 m 떨어진 위치에서 90 dB 이상이 되는 것으로 할 것〈개정 2008.12.15〉

② 간이스프링클러설비의 가압송수장치로서 펌프가 설치되는 경우에는 그 펌프의 작동은 다음 각호의 1의 기준에 적합하여야 한다.

1. 습식유수검지장치 또는 건식유수검지장치를 사용하는 설비에 있어서는 동 장치의 발신이나 기동용수압개폐장치에 따라 작동되거나 또는 이 두 가지의 혼용에 따라 작동될 수 있도록 할 것〈개정 2008.12.15〉
2. 준비작동식유수검지장치 또는 일제개방밸브를 사용하는 설비에 있어서는 화재감지기의 화재감지나 수압개폐장치에 따라 작동되거나 또는 이 두 가지의 혼용에 따라 작동할 수 있도록 할 것〈개정 2008.12.15.〉

③ 준비작동식유수검지장치 또는 일제개방밸브의 작동은 다음 각호의 기준에 적합여야 한다 〈개정 2008.12.15〉.

1. 담당구역내의 화재감지기의 동작에 따라 개방·작동될 것
2. 폐쇄형스프링클러헤드를 사용하는 설비의 경우에 화재감지기회로는 교차회로방식으로 할 것. 다만, 다음 각목의 1에 해당하는 경우에는 그러하지 아니하다.
   가. 간이스프링클러설비의 배관 또는 헤드에 누설경보용 물 또는 압축공기가 채워지는 경우
   나. 화재감지기를 자동화재 지설비의화재안전기준(NFSC 203) 제7조제1항단서의 각호의 감지기로 설치한 때
3. 준비작동식유수검지장치 또는 일제개방밸브의 인근에서 수동기동(전기식 및 배

수식)에 따라서도 개방·작동될 수 있게 할 것〈개정 2008.12.15.〉

4. 제1호 및 제2호의 규정에 따른 화재감지기의 설치기준에 관하여는 자동화재탐지설비의화재안전기준(NFSC 203) 제7조 및 제11조의 규정을 준용할 것. 이 경우 교차회로방식에 있어서의 화재감지기의 설치는 각 화재감지기 회로별로 설치하되, 각화재감지기회로별 화재감지기 1개가 담당하는 바닥면적은 자동화 재탐지 설비의화재안전기준(NFSC 203) 제7조 제3항 제5호·제8호 내지 제10호의 규정에 따른 바닥면적으로 한다.

5. 화재감지기 회로에는 다음 각목의 기준에 따른 발신기를 설치할 것

가. 조작이 쉬운 장소에 설치하고, 스위치는 바닥으로부터 0.8 m 이상 1.5 m이하의 높이에 설치할 것

나. 소방대상물의 층마다 설치하되, 당해 소방대상물의 각 부분으로부터 수평거리가 25 m 이하가 되도록 할 것. 다만, 복도 또는 별도로 구획된 실로서 행거리가 40 m 이상일 경우에는 추가로 설치하여야 한다.

다. 발신기의 위치를 표시하는 표시등은 함의 상부에 설치하되, 그 불빛은 부착면으로부터 15° 이상의 범위 안에서 부착지점으로부터 10 m 이내의 어느 곳에서도 쉽게 식별할 수 있는 적색등으로 할 것

④ 제1항 내지 제3항의 배선(감지기와 감지기간의 배선은 제외한다)은 옥내소화전설을 사용하되, 다른 배선과 공유하는 회로방식이 되지 아니하도록 하여야 한다. 다만, 음향장치의 작동 및 일제개방밸브의 기동에 지장을 주지 아니하는 회로방식의 경우에는 그러하지 아니하다.

제11조(송수구) 간이스프링클러설비에는 소방차로부터 그 설비에 송수할 수 있는 송 수구를 다음 각호의 기준에 따라 설치하여야 한다. 다만, 『다중이용업소의 안전관리에 관한 특별법 시행령』 제9조에 따라 다중이용업소에 설치하는 상수도 직결방식의 간이스프링클러설비의 경우에는 송수구를 설치하지 아니할 수 있다.

1. 송수구는 화재층으로부터 지면으로 떨어지는 유리창 등이 송수 및 그 밖의 소화작업에 지장을 주지 아니하는 장소에 설치할 것
2. 송수구로부터 간이스프링클러설비의 주배관에 이르는 연결배관에 개폐밸브를 설치

한 때에는 그 개폐상태를 쉽게 확인 및 조작할 수 있는 옥외 또는 기계실 등의 장소에 설치할 것

3. 구경 65 ㎜의 단구형 또는 쌍구형으로 하여야 하며, 송수배관의 안지름은 40 ㎜ 이상으로 할 것
4. 지면으로부터 높이가 0.5 m 이상 1 m 이하의 위치에 설치할 것
5. 송수구의 가까운 부분에 자동배수밸브(또는 직경 5 ㎜의 배수공) 및 체크밸브를 설치할 것. 이 경우 자동배수밸브는 배관안의 물이 잘 빠질 수 있는 위치에 설치하되, 배수로 인하여 다른 물건 또는 장소에 피해를 주지 아니하여야 한다.
6. 송수구에는 이물질을 막기 위한 마개를 씌울 것〈신설 2008.12.15〉

제12조(비상전원) 간이스프링클러설비에는 다음 각호의 기준에 적합한 비상전원 또는 소방시설용비상전원수전설비의화재안전기준(NFSC 602)의 규정에 따른 비상전원수전설비를 설치하여야 한다. 다만, 무전원으로 작동되는 간이스프링클러설비의 경우에는 모든 기능이 10분(근린생활시설의 경우에는 20분) 이상 유효하게 지속될 수 있는 구조를 갖추어야 한다.

1. 간이스프링클러설비를 유효하게 10분(근린생활시설의 경우에는 20분) 이상 작동할수 있도록 할 것
2. 상용전원으로부터 전력의 공급이 중단된 때에는 자동으로 비상전원으로부터 전원을 공급받을 수 있는 구조로 할 것

제13조(수원 및 가압송수장치의 펌프 등의 겸용) ① 간이스프링클러설비의 수원을 옥내 소화전설비·스프링클러설비·화재조기진압용 스프링클러설비·물분무소화설비·포 소화 전설비 및 옥외소화전설비의 수원과 겸용하여 설치하는 경우의 저수량은 각 소화설비에 필요한 저수량을 합한 양이상이 되도록 하여야 한다. 다만, 이들 소화설비중 고정식 소화설비(펌프·배관과 소화수 또는 소화약제를 최종 방출하는 방출구가고정된 설비를 말한다. 이하 같다)가 2 이상 설치되어 있고, 그 소화설비가 설치된부분이 방화벽과 방화문으로 구획되어 있는 경우에는 각 고정식 소화설비에 필요한 저수량중 최대의 것 이상으로 할 수 있다.

② 간이스프링클러설비의 가압송수장치로 사용하는 펌프를 옥내소화전설비·스프링러설비·화재조기진압용 스프링클러설비·물분무소화설비·포소화설비 및 옥외소화전설비의 가압송수장치와 겸용하여 설치하는 경우의 펌프의 토출량은 각 소화설비에 해당하는 토출량을 합한 양 이상이 되도록 하여야 한다. 다만, 이들 소화설비중 고정식 소화설비가 2 이상 설치되어 있고, 그 소화설비가 설치된 부분이 방화벽과 방화문으로 구획되어 있으며 각 소화설비에 지장이 없는 경우에는 펌프의 토출량중 최대의것 이상으로 할 수 있다.

③ 옥내소화전설비· 스프링클러설비· 간이스프링클러설비· 화재조기진압용스프링클러설비· 물분무소화설비·포소화설비 및 옥외소화전설비의 가압송수장치에 있어서 각 토출측 배관과 일반급수용의 가압송수장치의 토출측배관을 상호 연결하여 화재시 사용할 수 있다. 이 경우 연결배관에는 개·폐표시형밸브를 설치하여야 하며, 각 소화설비의 성능에 지장이 없도록 하여야 한다.

④ 간이스프링클러설비의 송수구를 옥내소화전설비·스프링클러설비·화재조기진압용 스프링클러설비·물분무소화설비·포소화설비·연결송수관설비 또는 연결살수설비의 송수구와 겸용으로 설치하는 경우에는 스프링클러설비의 송수구의 설치기준에 따르되 각각의 소화설비의 기능에 지장이 없도록 하여야 한다.

제14조(설치·유지기준의 특례) 소방본부장 또는 소방서장은 기존건축물이 증축·개축·대수선되거나 용도 변경되는 경우에 있어서 이 기준이 정하는 기준에 따라 당해 건축물에 설치하여야 할 간이스프링클러설비의 배관·배선 등의 공사가 현저하게 곤란하다고 인정되는 경우에는 당해 설비의 기능 및 사용에 지장이 없는 범위안에서 간이스프링클러설비의 설치·유지기준의 일부를 적용하지 아니할 수 있다.

제15조(재검토기한) 「훈령 · 예규 등의 발령 및 관리에 관한 규정」(대통령훈령 제248호)에 따라 이 고시 발령 후의 법령이나 현실여건의 변화 등을 검토하여 이 고시의폐지, 개정 등의 조치를 하여야 하는 기한은 2012년 8월 23일까지로 한다.

부 칙(2004. 6. 4)

제1조(시행일) 이 기준은 고시한 날부터 시행한다.

제2조(경과조치) 이 고시 시행당시 종전의 소방기술기준에관한규칙에 적합하게 설치되어 있거나 건축허가등의 동의 또는 소방시설 시공신고가 완료된 소방대상물에 대하여는 종전의 기준에 따른다.

제3조(다른 법령과의 관계) 이 고시 시행 당시 다른 법령에서 종전의 소방기술기준에관한규칙을 인용한 경우에 이 고시 가운데 그에 해당하는 규정이 있는 경우에는 종전의 규정에 갈음하여 이 고시의 해당 규정을 인용한 것으로 본다

부 칙(2006. 12. 30.)

이 고시는 고시한 날로부터 시행한다.

부 칙(2007. 4. 12.)

이 기준은 고시한 날부터 시행한다.

부 칙(2007. 12. 28.)

(시행일) 이 기준은 고시한 날부터 시행한다.

부 칙(2008. 12. 15.)

(시행일) 이 기준은 고시한 날부터 시행한다

부 칙(2009. 8. 24.)

(시행일) 이 기준은 고시한 날부터 시행한다.

[별표 1]

간이헤드 수별 급수관의 구경(제8조제3항제3호관련)

(단위 : ㎜)

급수관의 구경 구분	25	32	40	50	65	80	90	100	125	150
가	2	3	5	10	30	60	80	100	160	161이상
나	2	4	7	15	30	60	65	100	160	161이상
다	1	2	5	8	15	27	40	55	90	91이상

(주)

1. **폐쇄형**간이헤드를 사용하는 설비의 경우로서 1개층에 하나의 급수배관(또는 밸 브 등)이 담당하는 구역의 최대면적은 3,000 ㎡를 초과하지 아니할 것.

2. **폐쇄형**간이헤드를 설치하는 경우에는 "가"란의 헤드수에 따를 것. 다만, 100개 이상의 헤드를 담당하는 급수배관(또는 밸브)의 구경을 100 ㎜로 할 경우에는 수리계산을 통하여 제8조제3항제3호에서 규정한 배관의 유속에 적합하도록 할 것

3. **폐쇄형**간이헤드를 설치하고 반자 아래의 헤드와 반자속의 헤드를 동일 급수관의 가지관상에 병설하는 경우에는 "나"란의 헤드수에 따를 것.

4. **개방형**간이헤드를 설치하는 경우 하나의 방수구역이 담당하는 헤드의 개수가 30개 이하일 때는 "다"란의 헤드수에 의하고, 30개를 초과할 때는 수리계산 방법에 따를것.

4.2

스프링클러설비의 화재안전기준(NFSC 103)

제1조(목적) 이 기준은 소화설비인 스프링클러설비의 설치유지 및 안전관리에 필요한 사항을 규정함을 목적으로 한다.

제2조(적용범위) 「소방시설 설치유지 및 안전관리에 관한 법률」(이하 "법"이라 한다) 제9조제1항 및 같은 법 시행령(이하 "영"이라 한다) 별표 4 소화설비의 소방시설 적용 기준 란 제3호에 따른 스프링클러설비는 이 기준에서 정하는 규정에 따라 설비를 설치하고 유지·관리하여야 한다.

제3조(정의) 이 기준에서 사용하는 용어의 정의는 다음과 같다.

1. "고가수조"란 구조물 또는 지형지물 등에 설치하여 자연낙차 압력으로 급수하는 수조를 말한다.
2. "압력수조"란 소화용수와 공기를 채우고 일정압력 이상으로 가압하여 그 압력으로 급수하는 수조를 말한다.
3. "충압펌프"란 배관 내 압력손실에 따른 주펌프의 빈번한 기동을 방지하기 위하여 충압역할을 하는 펌프를 말한다.
4. "정격토출량"이란 정격토출압력에서의 펌프의 토출량을 말한다.
5. "정격토출압력"이란 정격토출량에서의 펌프의 토출측 압력을 말한다.
6. "진공계"란 대기압 이하의 압력을 측정하는 계측기를 말한다.
7. "연성계"란 대기압 이상의 압력과 대기압 이하의 압력을 측정할 수 있는 계측기를 말한다.
8. "체절운전"이란 펌프의 성능시험을 목적으로 펌프토출측의 개폐밸브를 닫은 상태에서 펌프를 운전하는 것을 말한다.

9. "기동용수압개폐장치"란 소화설비의 배관내 압력변동을 검지하여 자동적으로 펌프 기동 및 정지시키는 것으로서 압력챔버 또는 기동용압력스위치 등을 말한다.
10. "개방형스프링클러헤드"란 감열체 없이 방수구가 항상 열려져 있는 스프링클러헤드를 말한다.
11. "폐쇄형스프링클러헤드"란 정상상태에서 방수구를 막고 있는 감열체가 일정온도에서 자동적으로 파괴·용해 또는 이탈됨으로써 방수구가 개방되는 스프링클러 헤드를 말한다.
12. "조기반응형헤드"란 표준형스프링클러헤드 보다 기류온도 및 기류속도에 조기에 반응하는 것을 말한다.
13. "측벽형스프링클러헤드"란 가압된 물이 분사될 때 헤드의 축심을 중심으로 한 반원상에 균일하게 분산시키는 헤드를 말한다.
14. "건식스프링클러헤드"란 물과 오리피스가 분리되어 동파를 방지할 수 있는 스프링클러헤드를 말한다.
15. "유수검지장치"란 습식유수검지장치(패들형을 포함한다), 건식유수검지장치, 준비작동식유수검지장치를 말하며 본체내의 유수현상을 자동적으로 검지하여 신호 또는 경보를 발하는 장치를 말한다. 〈개정 2008.12.15〉
16. "일제개방밸브"란 개방형스프링클러헤드를 사용하는 일제살수식 스프링클러설비에 설치하는 밸브로서 화재발생시 자동 또는 수동식 기동장치에 따라 밸브가 열려 지는 것을 말한다. 〈개정 2008.12.15〉
17. "가지배관"이란 스프링클러헤드가 설치되어 있는 배관을 말한다.
18. "교차배관"이란 직접 또는 수직배관을 통하여 가지배관에 급수하는 배관을 말한다.
19. "주배관"이란 각 층을 수직으로 관통하는 수직배관을 말한다.
20. "신축배관"이란 가지배관과 스프링클러헤드를 연결하는 구부림이 용이하고 유연성을 가진 배관을 말한다.
21. "급수배관"이란 수원 및 옥외송수구로부터 스프링클러헤드에 급수하는 배관을 말한다.
22. "습식스프링클러설비"란 가압송수장치에서 폐쇄형스프링클러헤드까지 배관 내에 항상 물이 가압되어 있다가 화재로 인한 열로 폐쇄형스프링클러헤드가 개방되면

배관 내에 유수가 발생하여 습식유수검지장치가 작동하게 되는 스프링클러설비를 말한다.

22의2. "부압식 스프링클러설비"란 가압송수장치에서 준비작동식유수검지장치의 1차측 까지는 항상 정압의 물이 가압되고, 2차측 폐쇄형 스프링클러헤드까지는 소화수가 부압으로 되어 있다가 화재 시 감지기의 작동에 의해 정압으로 변하여 유수가 발생하면 작동하는 스프링클러설비를 말한다. 〈신설 2011.11.24〉

23. "준비작동식스프링클러설비"란 가압송수장치에서 준비작동식유수검지장치 1차 측까지 배관 내에 항상 물이 가압되어 있고 2차 측에서 폐쇄형스프링클러헤드까지 대기압 또는 저압으로 있다가 화재발생시 감지기의 작동으로 준비작동식유수검지장치가 작동하여 폐쇄형스프링클러헤드까지 소화용수가 송수되어 폐쇄형스프링클러헤드가 열에 따라 개방되는 방식의 스프링클러설비를 말한다.

24. "건식스프링클러설비"란 건식유수검지장치 2차 측에 압축공기 또는 질소 등의 기체로 충전된 배관에 폐쇄형스프링클러헤드가 부착된 스프링클러설비로서, 폐쇄형스프링클러헤드가 개방되어 배관내의 압축공기 등이 방출되면 건식유수검지장치 1차 측의 수압에 의하여 건식유수검지장치가 작동하게 되는 스프링클러설비를 말한다. 신설 〈2008.12.15〉

25. "일제살수식스프링클러설비"란 가압송수장치에서 일제개방밸브 1차 측까지 배관 내에 항상 물이 가압되어 있고 2차 측에서 개방형스프링클러헤드까지 대기압으로 있다가 화재발생시 자동감지장치 또는 수동식 기동장치의 작동으로 일제개방밸브가 개방되면 스프링클러헤드까지 소화용수가 송수되는 방식의 스프링클러설비를 말한다. 〈신설 2008.12.15〉

26. "반사판(디프렉타)"이란 스프링클러헤드의 방수구에서 유출되는 물을 세분시키는 작용을 하는 것을 말한다. 〈개정 2008.12.15〉

27. "개폐표시형밸브"란 밸브의 개폐여부를 외부에서 식별이 가능한 밸브를 말한다. 〈개정 2008.12.15〉

28. "연소할 우려가 있는 개구부"란 각 방화구획을 관통하는 컨베이어·에스컬레이터 또는 이와 유사한 시설의 주위로서 방화구획을 할 수 없는 부분을 말한다.
〈개정 2008.12.15〉

29. "가압수조"란 가압원인 압축공기 또는 불연성 고압기체에 따라 소방용수를 가압시키는 수조를 말한다. 〈신설 2008.12.15〉
30. "소방부하"란 법 제2조제1항제1호에 따른 소방시설 및 방화·피난·소화활동을 위한 시설의 전력부하를 말한다. 〈신설 2011.11.24〉
31. "소방전원 보존형 발전기"란 소방부하 및 소방부하 이외의 부하(이하 비상부하라 한다)겸용의 비상발전기로서, 상용전원 중단 시에는 소방부하 및 비상부하에 비상전원이 동시에 공급되고, 화재 시 과부하에 접근될 경우 비상부하의 일부 또는 전부를 자동적으로 차단하는 컨트롤러를 구비하여, 소방부하에 비상전원을 연속 공급하는 자가발전설비를 말한다. 〈신설 2011.11.24〉

제4조(수원) ① 스프링클러설비의 수원은 그 저수량이 다음 각 호의 기준에 적합하도록하여야 한다.

1. 폐쇄형스프링클러헤드를 사용하는 경우에는 다음 표의 스프링클러설비 설치장소별 스프링클러헤드의 기준개수[스프링클러헤드의 설치개수가 가장 많은 층(아파트의 경우에는 설치개수가 가장 많은 세대)에 설치된 스프링클러헤드의 개수가 기준개수보다 작은 경우에는 그 설치개수를 말한다. 이하 같다]에 1.6 ㎥를 곱한 양 이상이 되도록 할 것

<table>
<tr><th colspan="3">스 프 링 클 러 설 치 장 소</th><th>기준개수</th></tr>
<tr><td rowspan="6">지하층을 제외한 층수가 10층 이하인 특정소방대상물</td><td rowspan="2">공장 또는 창고 (랙크식 창고를 포함한다)</td><td>특수가연물을 저장· 취급하는 것</td><td>30</td></tr>
<tr><td>그 밖의 것</td><td>20</td></tr>
<tr><td rowspan="2">근린생활시설·판매시설 및 영업 시설 또는 복합건축물</td><td>수퍼마켓·도매시장·소매시장 또는 복합건축물(슈퍼마켓·도매시장·소매시장이 설치되는 복합건축 물을 말한다)</td><td>30</td></tr>
<tr><td>그 밖의 것</td><td>20</td></tr>
<tr><td rowspan="2">그 밖의 것</td><td>헤드의 부착높이가 8 m 이상인 것</td><td>20</td></tr>
<tr><td>헤드의 부착높이가 8 m 미만인 것</td><td>10</td></tr>
<tr><td colspan="3">아 파 트</td><td>10</td></tr>
<tr><td colspan="3">지하층을 제외한 층수가 11층 이상인 특정소방대상물(아파트를 제외한다)· 지하가 또는 지하역사</td><td>30</td></tr>
<tr><td colspan="4">비 고 : 하나의 특정소방대상물이 2 이상의 “스프링클러헤드의 기준개수” 란에 해당하는 때에는 기준개수가 많은 난을 기준으로 한다. 다만, 각 기준개수에 해당하는 수원을 별도로 설치하는 경우에는 그러지 아니하다.</td></tr>
</table>

2. 개방형스프링클러헤드를 사용하는 스프링클러설비의 수원은 최대 방수구역에 설치 된 스프링클러헤드의 개수가 30개 이하일 경우에는 설치헤드수에 1.6 m^3를 곱한양 이상으로 하고, 30개를 초과하는 경우에는 제5조제1항제9호 및 제10호에 따라 산출된 가압송수장치의 1분당 송수량에 20을 곱한 양 이상이 되도록 할 것
3. 제1호에도 불구하고 층수가 30층 이상의 특정소방대상물의 수원은 제1호에 따른 스프링클러헤드의 기준개수에 층수가 30층 이상 49층 이하는 3.2 m^3를, 50층 이상 4.8 m^3를 곱한 양 이상이 되도록 할 것 〈신설 2012.2.15〉

② 스프링클러설비의 수원은 제1항에 따라 산출된 유효수량 외에 유효수량의 3분의 1 이상을 옥상(스프링클러설비가 설치된 건축물의 주된 옥상을 말한다. 이하 같다)에 설치하여야 한다. 다만, 다음 각 호의 어느 하나에 해당하는 경우에는 그러하지 아니하다.

1. 옥상이 없는 건축물 또는 공작물
2. 지하층만 있는 건축물
3. 제5조제2항에 따라 고가수조를 가압송수장치로 설치한 스프링클러설비
4. 수원이 건축물의 지붕보다 높은 위치에 설치된 경우
5. 건축물의 높이가 지표면으로부터 10m 이하인 경우
6. 주펌프와 동등 이상의 성능이 있는 별도의 펌프로서 내연기관의 기동과 연동하여 작동되거나 비상전원을 연결하여 설치한 경우
7. 제5조제4항에 따라 가압수조를 가압송수장치로 설치한 스프링클러설비 〈신설2009.10.22〉

③ 제2항에도 불구하고 층수가 30층 이상의 특정소방대상물의 수원은 제1항에 따라 산출된 유효수량 외에 유효수량의 3분의 1 이상을 옥상(스프링클러설비가 설치된 건축물의 주된 옥상을 말한다)에 설치하여야 한다. 〈신설 2012.2.15〉

④ 옥상수조(제1항에 따라 산출된 유효수량의 3분의 1 이상을 옥상에 설치한 설비를 말한다)는 이와 연결된 배관을 통하여 상시 소화수를 공급할 수 있는 구조인 특정 소방대상물인 경우에는 둘 이상의 특정소방대상물이 있더라도 하나의 특정소방대상물에만 이를 설치할 수 있다. [종전의 제3항에서 이동 2012.2.15]

⑤ 스프링클러설비의 수원을 수조로 설치하는 경우에는 소방설비의 전용수조로 하여야 한다. 다만, 다음 각 호의 어느 하나에 해당하는 경우에는 그러하지 아니하다.[종전의 제4항에서 이동 2012.2.15]

1. 스프링클러펌프의 후드밸브 또는 흡수배관의 흡수구(수직회전축펌프의 흡수구를 포함한다. 이하 같다)를 다른 설비(소방용 설비 외의 것을 말한다. 이하 같다)의 후드밸브 또는 흡수구보다 낮은 위치에 설치한 때
2. 제5조제2항에 따른 고가수조로부터 스프링클러설비의 수직배관에 물을 공급하는 급수구를 다른 설비의 급수구보다 낮은 위치에 설치한 때

⑥ 제1항 및 제2항에 따른 저수량을 산정함에 있어서 다른 설비와 겸용하여 스프링클러설비용 수조를 설치하는 경우에는 스프링클러설비의 후드밸브·흡수구 또는 수직배관의 급수구와 다른 설비의 후드밸브·흡수구 또는 수직배관의 급수구와의 사이의 수량을 그 유효수량으로 한다. [종전의 제5항에서 이동 2012.2.15]

⑦ 스프링클러설비용 수조는 다음 각 호의 기준에 따라 설치하여야 한다. [종전의 6항에서 이동 2012.2.15]

1. 점검에 편리한 곳에 설치할 것
2. 동결방지조치를 하거나 동결의 우려가 없는 장소에 설치할 것
3. 수조의 외측에 수위계를 설치할 것. 다만, 구조상 불가피한 경우에는 수조의 맨홀등을 통하여 수조 안의 물의 양을 쉽게 확인할 수 있도록 하여야 한다.
4. 수조의 상단이 바닥보다 높은 때에는 수조의 외측에 고정식 사다리를 설치할 것
5. 수조가 실내에 설치된 때에는 그 실내에 조명설비를 설치할 것
6. 수조의 밑부분에는 청소용 배수밸브 또는 배수관을 설치할 것
7. 수조의 외측의 보기 쉬운 곳에 "스프링클러설비용 수조"라고 표시한 표지를 할 것. 이 경우 그 수조를 다른 설비와 겸용하는 때에는 그 겸용되는 설비의 이름을 표시한 표지를 함께 하여야 한다.
8. 스프링클러펌프의 흡수배관 또는 스프링클러설비의 수직배관과 수조의 접속부분에는 "스프링클러설비용 배관"이라고 표시한 표지를 할 것. 다만, 수조와 가까운장소에 스프링클러펌프가 설치되고 스프링클러펌프에 제5조제1항제15호에 따른 표지를 설치한 때에는 그러하지 아니하다.

제5조(가압송수장치) ① 전동기 또는 내연기관에 따른 펌프를 이용하는 가압송수장치는 다음 각 호의 기준에 따라 설치하여야 한다.

1. 쉽게 접근할 수 있고 점검하기에 충분한 공간이 있는 장소로서 화재 및 침수등의 재해로 인한 피해를 받을 우려가 없는 곳에 설치할 것
2. 동결방지조치를 하거나 동결의 우려가 없는 장소에 설치할 것
3. 펌프는 전용으로 할 것. 다만, 다른 소화설비와 겸용하는 경우 각각의 소화설비의 성능에 지장이 없을 때에는 그러하지 아니하다.

3의2. 제3호 단서에도 불구하고 층수가 30층 이상의 특정소방대상물은 전용으로 할 것 〈신설 2012.2.15〉

4. 펌프의 토출측에는 압력계를 체크밸브 이전에 펌프토출측 플랜지에서 가까운

곳에 설치하고, 흡입측에는 연성계 또는 진공계를 설치할 것. 다만, 수원의 수위가 펌프의 위치보다 높거나 수직회전축 펌프의 경우에는 연성계 또는 진공계를 설치하지 아니할 수 있다.

5 가압송수장치에는 정격부하 운전 시 펌프의 성능을 시험하기 위한 배관을 설치할 것. 다만, 충압펌프의 경우에는 그러하지 아니하다.

6. 가압송수장치에는 체절운전 시 수온의 상승을 방지하기 위한 순환배관을 설치할 것. 다만, 충압펌프의 경우에는 그러하지 아니하다.

7. 기동용수압개폐장치(압력챔버)를 사용할 경우 그 용적은 100 ℓ 이상의 것으로 할 것

8. 수원의 수위가 펌프보다 낮은 위치에 있는 가압송수장치에는 다음 각 목의 기준에 따른 물올림장치를 설치할 것

가. 물올림장치에는 전용의 수조를 설치할 것

나. 수조의 유효수량은 100 ℓ 이상으로 하되, 구경 15 ㎜ 이상의 급수배관에 따라 해당 수조에 물이 계속 보급되도록 할 것

9. 가압송수장치의 정격토출압력은 하나의 헤드선단에 0.1 ㎫ 이상 1.2 ㎫ 이하의 방수압력이 될 수 있게 하는 크기일 것

10. 가압송수장치의 송수량은 0.1 ㎫의 방수압력 기준으로 80ℓ/min 이상의 방수성능을 가진 기준개수의 모든 헤드로부터의 방수량을 충족시킬 수 있는 양 이상의 것으로 할 것. 이 경우 속도수두는 계산에 포함하지 아니할 수 있다.

11. 제10호의 기준에 불구하고 가압송수장치의 1분당 송수량은 폐쇄형스프링클러헤드를 사용하는 설비의 경우 제4조제1항제1호에 따른 기준개수에 80 ℓ를 곱한양 이상으로도 할 수 있다.

12. 제10호의 기준에 불구하고 가압송수장치의 1분당 송수량은 제4조제1항제2호의 개방형스프링클러 헤드수가 30개 이하의 경우에는 그 개수에 80 ℓ를 곱한양 이상으로 할 수 있으나 30개를 초과하는 경우에는 제9호 및 제10호에 따른기준에 적합하게 할 것

13. 기동용수압개폐장치를 기동장치로 사용하는 경우에는 다음의 각 목의 기준에 따른 충압펌프를 설치할 것

가. 펌프의 토출압력은 그 설비의 최고위 살수장치(일제 개방밸브의 경우는 그 밸브)의 자연압보다 적어도 0.2 ㎫이 더 크도록 하거나 가압송수장치의 정격토출 압력과 같게 할 것

나. 펌프의 정격토출량은 정상적인 누설량보다 적어서는 아니되며 스프링클러설비가 자동적으로 작동할 수 있도록 충분한 토출량을 유지할 것

14. 내연기관을 사용하는 경우에는 제어반에 따라 내연기관의 자동기동 및 수동기동이 가능하고, 상시 충전되어 있는 축전지설비를 갖출 것

15. 가압송수장치에는 "스프링클러펌프"라고 표시한 표지를 할 것. 이 경우 그 가압송수장치를 다른 설비와 겸용하는 때에는 그 겸용되는 설비의 이름을 표시한표지를 함께 하여야 한다.

16. 가압송수장치가 기동되는 경우에는 자동으로 정지되지 아니하도록 하여야 한다. 다만, 충압펌프의 경우에는 그러하지 아니하다. 〈개정 2008.12.15〉

② 고가수조의 자연낙차를 이용한 가압송수장치는 다음 각 호의 기준에 따라 설치하여야 한다.

1. 고가수조의 자연낙차수두(수조의 하단으로부터 최고층에 설치된 헤드까지의 수직 거리를 말한다)는 다음의 식에 따라 산출한 수치 이상이 되도록 할 것

$H = h_1 + 10$

H : 필요한 낙차(m)

h_1 : 배관의 마찰손실 수두(m)

2. 고가수조에는 수위계·배수관·급수관·오버플로우관 및 맨홀을 설치할 것

③ 압력수조를 이용한 가압송수장치는 다음 각 호의 기준에 따라 설치하여야 한다.

1. 압력수조의 압력은 다음의 식에 따라 산출한 수치 이상으로 할 것

$P = p_1 + p_2 + 0.1$

P : 필요한 압력(㎫)

p_1 : 낙차의 환산 수두압(MPa)

p_2 : 배관의 마찰손실 수두압(MPa)

2. 압력수조에는 수위계·급수관·배수관·급기관·맨홀·압력계·안전장치 및 압력저하 방지를 위한 자동식 공기압축기를 설치할 것

④ 가압수조를 이용한 가압송수장치는 다음 각 호의 기준에 따라 설치하여야 한다. 〈신설 2008.12.15〉

1. 가압수조의 압력은 제1항제10호에 따른 방수량 및 방수압이 20분, 층수가 30층이상 49층 이하는 40분 이상, 50층 이상은 60분 이상 유지되도록 할 것 〈개정2012.2.15〉
2. 가압수조는 최대상용압력 1.5배의 물의 압력을 가하는 경우 물이 새지 않고 변형이 없을 것
3. 가압수조 및 가압원은 「건축법 시행령」 제46조에 따른 방화구획 된 장소에 설치 할 것
4. 가압수조에는 수위계·급수관·배수관·급기관·압력계·안전장치 및 수조에 소화수와 압력을 보충할 수 있는 장치를 설치할 것
5. 가압수조를 이용한 가압송수장치는「소방용기계기구의 승인 등에 관한 규칙」 제31조 및 별표14 제30호에 적합한 것으로 설치할 것

제6조(폐쇄형스프링클러설비의 방호구역·유수검지장치) 폐쇄형스프링클러헤드를사용하는 설비의 방호구역(스프링클러설비의 소화범위에 포함된 영역을 말한다. 이하 같다)·유수검지장치는 다음 각 호의 기준에 적합하여야 한다. 〈개정 2008.12.15〉

1. 하나의 방호구역의 바닥면적은 3,000 ㎡를 초과하지 아니할 것. 다만, 폐쇄형스프링클러설비에 격자형배관방식(2이상의 수평주행배관 사이를 가지배관으로 연결하는 방식을 말한다)을 채택하는 때에는 3,700 ㎡ 범위 내에서 펌프용량, 배관의 구경 등을 수리학적으로 계산한 결과 헤드의 방수압 및 방수량이 방호구역 범위 내에서 소화목적을 달성하는 데 충분할 것 〈개정 2011.11.24〉
2. 하나의 방호구역에는 1개 이상의 유수검지장치를 설치하되, 화재발생시 접근이 쉽고

점검하기 편리한 장소에 설치할 것 〈개정 2008.12.15〉

3. 하나의 방호구역은 2개 층에 미치지 아니하도록 할 것. 다만, 1개 층에 설치되는 스프링클러헤드의 수가 10개 이하인 경우와 복층형구조의 공동주택에는 3개 층이내로 할 수 있다. 〈개정 2009.10.22〉
4. 유수검지장치를 실내에 설치하거나 보호용 철망 등으로 구획하여 바닥으로부터 0.8 m 이상 1.5 m 이하의 위치에 설치하되, 그 실 등에는 가로 0.5 m 이상 세로 1 m 이상의 출입문을 설치하고 그 출입문 상단에 "유수검지장치실" 이라고 표시한 표지를 설치할 것. 다만, 유수검지장치를 기계실(공조용기계실을 포함한다) 안에 설치하는 경우에는 별도의 실 또는 보호용 철망을 설치하지 아니하고 기계실 출입문 상단에 "유수검지장치실"이라고 표시한 표지를 설치할 수 있다.

   〈개정 2008.12.15〉
5. 스프링클러헤드에 공급되는 물은 유수검지장치를 지나도록 할 것. 다만, 송수구를 통하여 공급되는 물은 그러하지 아니하다.
6. 자연낙차에 따른 압력수가 흐르는 배관 상에 설치된 유수검지장치는 화재시 물의 흐름을 검지할 수 있는 최소한의 압력이 얻어질 수 있도록 수조의 하단으로부터 낙차를 두어 설치할 것 〈개정 2008.12.15〉
7. 조기반응형 스프링클러헤드를 설치하는 경우에는 습식유수검지장치 또는 부압식 스프링클러설비를 설치할 것 〈개정 2011.11.24〉

제7조(개방형스프링클러설비의 방수구역 및 일제개방밸브) 개방형스프링클러설비의 방수구역 및 일제개방밸브는 다음 각 호의 기준에 적합하여야 한다.

1. 하나의 방수구역은 2개 층에 미치지 아니 할 것
2. 방수구역마다 일제개방밸브를 설치할 것
3. 하나의 방수구역을 담당하는 헤드의 개수는 50개 이하로 할 것. 다만, 2개 이상의 방수구역으로 나눌 경우에는 하나의 방수구역을 담당하는 헤드의 개수는 25개 이상으로 할 것
4. 일제개방밸브의 설치위치는 제6조제4호의 기준에 따르고, 표지는 "일제개방밸브실이라고 표시할 것 〈개정 2008.12.15〉

제8조(배관) ① 배관은 배관용탄소강관(KS D 3507) 또는 배관 내 사용압력이 1.2 ㎫ 이상일 경우에는 압력배관용탄소강관(KS D 3562)이나 이와 동등 이상의 강도·내식성 및 내열성을 가진 것으로 하여야 한다. 다만, 습식스프링클러설비의 배관은 이음매 없는 동 및 동합금(KS D 5301)의 배관용 동관을 사용할 수 있다.

② 제1항에도 불구하고 다음 각 호의 어느 하나에 해당하는 장소에는 소방방재청장이 정하여 고시하는 성능시험기술기준에 적합한 소방용 합성수지배관으로 설치할 수 있다.

1. 배관을 지하에 매설하는 경우
2. 다른 부분과 내화구조로 구획된 덕트 또는 피트의 내부에 설치하는 경우
3. 천장(상층이 있는 경우에는 상층바닥의 하단을 포함한다. 이하 같다)과 반자를 불연재료 또는 준불연재료로 설치하고 소화배관 내부에 항상 소화수가 채워진 상태로 설치하는 경우 〈개정 2011.11.24〉

③ 급수배관은 다음 각 호의 기준에 따라 설치하여야 한다.

1. 전용으로 할 것. 다만, 스프링클러설비의 기동장치의 조작과 동시에 다른 설비의 용도에 사용하는 배관의 송수를 차단할 수 있거나, 스프링클러설비의 성능에 지장이 없는 경우에는 다른 설비와 겸용할 수 있다.

1의2. 제1호 단서에도 불구하고 층수가 30층 이상의 특정소방대상물은 전용으로 할 것 〈신설 2012.2.15〉

2. 급수를 차단할 수 있는 개폐밸브는 개폐표시형으로 할 것. 이 경우 펌프의 흡입측배관에는 버터플라이밸브외의 개폐표시형밸브를 설치하여야 한다.
3. 배관의 구경은 제5조제1항제10호에 적합하도록 수리계산에 의하거나 별표 1의 기준에 따라 설치할 것. 다만, 수리계산에 따르는 경우 가지배관의 유속은 6 ㎧, 그밖의 배관의 유속은 10 ㎧를 초과할 수 없다.

④ 펌프의 흡입측 배관은 다음 각 호의 기준에 따라 설치하여야 한다.

1. 공기고임이 생기지 아니하는 구조로 하고 여과장치를 설치할 것
2. 수조가 펌프보다 낮게 설치된 경우에는 각 펌프(충압펌프를 포함한다)마다 수조로부터 별도로 설치할 것

⑤ 연결송수관설비의 배관과 겸용할 경우의 주배관은 구경 100 ㎜ 이상, 방수구로

연결되는 배관의 구경은 6 5 ㎜ 이상의 것으로 하여야 한다.

⑥ 펌프의 성능은 체절운전 시 정격토출압력의 140%를 초과하지 아니하고, 정격토출량의 150%로 운전 시 정격토출압력의 65% 이상이 되어야 하며, 펌프의 성능시험배관은 다음 각 호의 기준에 적합하여야 한다.

1. 성능시험배관은 펌프의 토출측에 설치된 개폐밸브 이전에서 분기하여 설치하고, 유량측정장치를 기준으로 전단 직관부에 개폐밸브를 후단 직관부에는 유량조절밸브를 설치할 것

2. 유량측정장치는 성능시험배관의 직관부에 설치하되, 펌프의 정격토출량의 175% 이상 측정할 수 있는 성능이 있을 것

⑦ 가압송수장치의 체절운전 시 수온의 상승을 방지하기 위하여 체크밸브와 펌프사이에서 분기한 구경 20 ㎜ 이상의 배관에 체절압력 미만에서 개방되는 릴리프밸브를 설치하여야 한다.

⑧ 동결방지조치를 하거나 동결의 우려가 없는 장소에 설치하여야 한다.

⑨ 가지배관의 배열은 다음 각 호의 기준에 따른다.

1. 토너먼트(tournament)방식이 아닐 것

2. 교차배관에서 분기되는 지점을 기점으로 한쪽 가지배관에 설치되는 헤드의 개수(반자 아래와 반자속의 헤드를 하나의 가지배관 상에 병설하는 경우에는 반자 아래에 설치하는 헤드의 개수)는 8개 이하로 할 것. 다만, 다음 각 목의 어느 하나에 해당하는 경우에는 그러하지 아니하다.

가. 기존의 방호구역안에서 칸막이 등으로 구획하여 1개의 헤드를 증설하는 경우

나. 습식스프링클러설비 또는 부압식스프링클러설비에 격자형 배관방식(2 이상의 수평주행배관 사이를 가지배관으로 연결하는 방식을 말한다)을 채택하는 때에는 펌프의 용량, 배관의 구경 등을 수리학적으로 계산한 결과 헤드의 방수압 및 방 수량이 소화목적을 달성하는 데 충분하다고 인정되는경우

〈개정2011.11.24〉

3. 가지배관과 스프링클러헤드 사이의 배관을 신축배관으로 하는 경우에는 다음 각목의 기준에 적합할 것

가. 최고사용압력은 1.4 ㎫ 이상이어야 하고, 최고사용압력의 1.5배의 수압에 변

형· 누수 되지 아니할 것

나. 진폭을 5 ㎜, 진동수를 매초 당 25회로 하여 6시간 동안 작동시킨 경우 또는 매초 0.35 ㎫부터 3.5 ㎫까지의 압력변동을 4,000회 실시한 경우에도 변형·누수되지 아니할 것

다. 신축배관의 설치길이는 제10조제3항의 거리를 초과하지 아니할 것

⑩ 교차배관의 위치·청소구 및 가지배관의 헤드설치는 다음 각 호의 기준에 따른다.

1. 교차배관은 가지배관과 수평으로 설치하거나 또는 가지배관 밑에 설치하고, 그 구경은 제3항제3호에 따르되 최소구경이 40 ㎜ 이상이 되도록 할 것. 다만, 패들형 유수검지장치를 사용하는 경우에는 교차배관의 구경과 동일하게 설치할 수 있다.
2. 청소구는 교차배관 끝에 개폐밸브를 설치하고, 호스접결이 가능한 나사식 또는 고정배수 배관식으로 할 것. 이 경우 나사식의 개폐밸브는 옥내소화전 호스접결용의 것으로 하고, 나사보호용의 캡으로 마감하여야 한다.
3. 하향식헤드를 설치하는 경우에 가지배관으로부터 헤드에 이르는 헤드접속배관은 가지관상부에서 분기할 것. 다만, 소화설비용 수원의 수질이 「먹는물관리법」 제5조에 따라 먹는물의 수질기준에 적합하고 덮개가 있는 저수조로부터 물을 공급받는 경우에는 가지배관의 측면 또는 하부에서 분기할 수 있다.

⑪ 준비작동식유수검지장치 또는 일제개방밸브를 사용하는 스프링클러설비에 있어서 동밸브 2차 측 배관의 부대설비는 다음 각 호의 기준에 따른다.

〈개정2008.12.15〉

1. 개폐표시형밸브를 설치할 것
2. 제1호에 따른 밸브와 준비작동식유수검지장치 또는 일제개방밸브 사이의 배관은 다음 각 목과 같은 구조로 할 것 〈개정 2008.12.15〉

가. 수직배수배관과 연결하고 동 연결배관상에는 개폐밸브를 설치할 것

나. 자동배수장치 및 압력스위치를 설치할 것

다. 나목에 따른 압력스위치는 수신부에서 준비작동식유수검지장치 또는 일제개방 밸브의 개방여부를 확인할 수 있게 설치할 것 〈개정 2008.12.15〉

⑫ 습식유수검지장치 또는 건식유수검지장치를 사용하는 스프링클러설비와 부압식

스프링클러설비에는 동장치를 시험할 수 있는 시험 장치를 다음 각 호의 기준에 따라 설치하여야 한다. 〈개정 2008.12.15, 2011.11.24〉

1. 유수검지장치에서 가장 먼 가지배관의 끝으로부터 연결하여 설치할 것
2. 시험장치 배관의 구경은 유수검지장치에서 가장 먼 가지배관의 구경과 동일한 구경으로 하고, 그 끝에 개폐밸브 및 개방형헤드를 설치할 것. 이 경우 개방형 헤드는 반사판 및 프레임을 제거한 오리피스만으로 설치할 수 있다.

   〈개정 2008.12.15.〉
3. 시험배관의 끝에는 물받이 통 및 배수관을 설치하여 시험 중 방사된 물이 바닥에 흘러내리지 아니하도록 할 것. 다만, 목욕실·화장실 또는 그 밖의 곳으로서 배수처리가 쉬운 장소에 시험배관을 설치한 경우에는 그러하지 아니하다.

⑬ 배관에 설치되는 행가는 다음 각 호의 기준에 따라 설치하여야 한다.

1. 가지배관에는 헤드의 설치지점 사이마다 1개 이상의 행가를 설치하되, 헤드간의 울기를 250분의 1 이상으로 할 것. 다만, 배관의 구조상 기울기를 줄 수 없는 경우에는 배수를 원활하게 할 수 있도록 배수밸브를 설치하여야 한다.

⑱ 배관은 다른 설비의 배관과 쉽게 구분이 될 수 있는 위치에 설치하거나, 그 배관표면 또는 배관 보온재표면의 색상은 적색으로 소방용설비의 배관임을 표시하여야 한다. 〈개정 2008.12.15〉

⑲ 분기배관을 사용할 경우에는 한국소방산업기술원 또는 법 제42조제1항에 따라 성능시험기관으로 지정받은 기관에서 그 성능을 검증받은 것으로 설치하여야 한다.

제9조(음향장치 및 기동장치) ① 스프링클러설비의 음향장치 및 기동장치는 다음 각호의 기준에 따라 설치하여야 한다.

1. 습식유수검지장치 또는 건식유수검지장치를 사용하는 설비에 있어서는 헤드가 개방되면 유수검지장치가 화재신호를 발신하고 그에 따라 음향장치가 경보되도록 할것 〈개정 2008.12.15〉
2. 준비작동식유수검지장치 또는 일제개방밸브를 사용하는 설비에는 화재감지기의 감지에 따라 음향장치가 경보되도록 할 것. 이 경우 화재감지기회로를 교차회로 방식(하나의 준비작동식유수검지장치 또는 일제개방밸브의 담당구역 내에 2

이상의 화재감지기회로를 설치하고 인접한 2 이상의 화재감지기가 동시에 감지되는 때에 준비작동식유수검지장치 또는 일제개방밸브가 개방·작동되는 방식을 말한다)으로 하는 때에는 하나의 화재감지기회로가 화재를 감지하는 때에도 음향장치가 경보 되도록하여야 한다. 〈개정 2008.12.15〉

3. 음향장치는 유수검지장치 및 일제개방밸브 등의 담당구역마다 설치하되 그 구역의 각 부분으로부터 하나의 음향장치까지의 수평거리는 25 m 이하가 되도록 할 것 〈개정 2008.12.15〉
4. 음향장치는 경종 또는 사이렌(전자식 사이렌을 포함한다)으로 하되, 주위의 소음 및 다른 용도의 경보와 구별이 가능한 음색으로 할 것. 이 경우 경종 또는 사이렌은 자동화재탐지설비·비상벨설비 또는 자동식사이렌설비의 음향장치와 겸용할 수 있다.
5. 주 음향장치는 수신기의 내부 또는 그 직근에 설치할 것.
6. 층수가 5층 이상으로서 연면적이 3,000 ㎡를 초과하는 특정소방대상물은 다음 각목에 따라 경보를 발할 수 있도록 하여야 한다. 〈개정 2012.2.15〉

   가. 2층 이상의 층에서 발화한 때에는 발화층 및 그 직상층에 경보를 발할 것

   나. 1층에서 발화한 때에는 발화층·그 직상층 및 지하층에 경보를 발할 것

   다. 지하층에서 발화한 때에는 발화층·그 직상층 및 기타의 지하층에 경보를 발할 것

6의2. 제6호에도 불구하고 층수가 30층 이상의 특정소방대상물은 다음 각목에 따라 경보를 발할 수 있도록 하여야 한다. 〈신설 2012.2.15〉

   가. 2층 이상의 층에서 발화한 때에는 발화층 및 그 직상 4개층에 경보를 발할 것

   나. 1층에서 발화한 때에는 발화층·그 직상 4개층 및 지하층에 경보를 발할 것

   다. 지하층에서 발화한 때에는 발화층·그 직상층 및 기타의 지하층에 경보를 발할 것

7. 음향장치는 다음 각 목의 기준에 따른 구조 및 성능의 것으로 할 것

   가. 정격전압의 80% 전압에서 음향을 발할 수 있는 것으로 할 것

   나. 음량은 부착된 음향장치의 중심으로부터 1 m 떨어진 위치에서 90 dB 이상

되는 것으로 할 〈개정 2008.12.15〉

② 스프링클러설비의 가압송수장치로서 펌프가 설치되는 경우에는 그 펌프의 작동은 다음 각 호의 어느 하나의 기준에 적합하여야 한다.

1. 습식유수검지장치 또는 건식유수검지장치를 사용하는 설비에 있어서는 동장치의 발신이나 기동용수압개폐장치에 의하여 작동되거나 또는 이 두 가지의 혼용에 따라 작동 될 수 있도록 할 것 〈개정 2008.12.15〉
2. 준비작동식유수검지장치 또는 일제개방밸브를 사용하는 설비에 있어서는 화재감지기의 화재감지나 기동용수압개폐장치에 따라 작동되거나 또는 이 두 가지의 혼용에 따라 작동할 수 있도록 할 것 〈개정 2009.10.22〉

③ 준비작동식유수검지장치 또는 일제개방밸브의 작동은 다음 각 호의 기준에 적합하여야 한다. 〈개정 2008.12.15〉

1. 담당구역내의 화재감지기의 동작에 따라 개방 및 작동될 것
2. 화재감지회로는 교차회로방식으로 할 것. 다만, 다음 각 목의 어느 하나에 해당하는 경우에는 그러하지 아니하다.
   가. 스프링클러설비의 배관 또는 헤드에 누설경보용 물 또는 압축공기가 채워지거나 부압식스프링클러설비의 경우 〈개정 2011.11.24〉
   나. 화재감지기를 자동화재탐지설비의화재안전기준(NFSC 203) 제7조제1항 단서의 각 호의 감지기로 설치한 때
3. 준비작동식유수검지장치 또는 일제개방밸브의 인근에서 수동기동(전기식 및 배수식)에 따라서도 개방 및 작동될 수 있게 할 것 〈개정 2008.12.15〉
4. 제1호 및 제2호에 따른 화재감지기의 설치기준에 관하여는 자동화재탐지설비의 화재안전기준(NFSC 203) 제7조 및 제11조를 준용할 것. 이 경우 교차회로방에 있어서의 화재감지기의 설치는 각 화재감지기 회로별로 설치하되, 각 화재 감지기 회로별 화재감지기 1개가 담당하는 바닥면적은 자동화재탐지설비의 화재안전기준(NFSC203) 제7조제3항제5호·제8호부터 제10호까지에 따른 바닥면적으로 한다.
5. 화재감지기 회로에는 다음 각 목의 기준에 따른 발신기를 설치할 것. 다만, 자동화재탐지설비의 발신기가 설치된 경우에는 그러하지 아니하다.

〈개정 2008.12.15〉

가. 조작이 쉬운 장소에 설치하고, 스위치는 바닥으로부터 0.8 m 이상 1.5 m이하의 높이에 설치할 것

나. 특정소방대상물의 층마다 설치하되, 해당 특정소방대상물의 각 부분으로부터 하나의 발신기까지의 수평거리가 25 m 이하가 되도록 할 것. 다만, 복도 또는 별도로 구획된 실로서 보행거리가 40 m 이상일 경우에는 추가로 설치하여야 한다.

다. 발신기의 위치를 표시하는 표시등은 함의 상부에 설치하되, 그 불빛은 부착면 으로부터 15° 이상의 범위 안에서 부착지점으로부터 10 m 이내의 어느 곳에서도 쉽게 식별할 수 있는 적색등으로 할 것

제10조(헤드) ① 스프링클러헤드는 특정소방대상물의 천장·반자·천장과 반자사이·덕트·선반 기타 이와 유사한 부분(폭이 1.2 m를 초과하는 것에 한한다)에 설치하여야한다. 다만, 폭이 9 m 이하인 실내에 있어서는 측벽에 설치할 수 있다.

② 랙크식창고의 경우로서「소방기본법시행령」별표 2의 특수가연물을 저장 또는 취급하는 것에 있어서는 랙크높이 4 m 이하마다, 그 밖의 것을 취급하는 것에 있어서는 랙크높이 6 m 이하마다 스프링클러헤드를 설치하여야 한다. 다만, 랙크식 창고의 천장높이가 13.7 m 이하로서 화재조기진압용 스프링클러설비의화재안전기준(NFSC103B)에 따라 설치하는 경우에는 천장에만 스프링클러헤드를 설치할 수 있다

③ 스프링클러헤드를 설치하는 천장·반자·천장과 반자사이·덕트·선반등의 각 부분으로부터 하나의 스프링클러헤드까지의 수평거리는 다음 각 호와 같이 하여야 한다. 다만, 성능이 별도로 인정된 스프링클러헤드를 수리계산에 따라 설치하는 경우에는 그러하지 아니하다.

1. 무대부·「소방기본법시행령」별표 2의 특수가연물을 저장 또는 취급하는 장소에 있어서는 1.7 m 이하
2. 랙크식 창고에 있어서는 2.5 m 이하 다만, 특수가연물을 저장 또는 취급하는 랙크식 창고의 경우에는 1.7 m 이하

3. 공동주택(아파트) 세대 내의 거실에 있어서는 3.2 m 이하(스프링클러헤드의 형식 승인 및 검정기술기준 유효반경의 것으로 한다) 〈개정 2008.12.15〉
4. 제1호부터 제3호까지 규정 외의 특정소방대상물에 있어서는 2.1 m 이하(내화구조로 된 경우에는 2.3 m 이하)

④ 영 별표 4 소화설비의 소방시설 적용기준란 제3호가목에 따른 무대부 또는 연소할 우려가 있는 개구부에 있어서는 개방형스프링클러헤드를 설치하여야 한다.

⑤ 다음 각 호의 어느 하나에 해당하는 장소에는 조기반응형 스프링클러헤드를 설치하여야 한다.

1. 공동주택·노유자시설의 거실
2. 오피스텔·숙박시설의 침실, 병원의 입원실

⑥ 폐쇄형스프링클러헤드는 그 설치장소의 평상시 최고 주위온도에 따라 다음 표에 따른 표시온도의 것으로 설치하여야 한다. 다만, 높이가 4 m 이상인 공장 및 창고(랙크식창고를 포함한다)에 설치하는 스프링클러헤드는 그 설치장소의 평상시 최고 주위온도에 관계없이 표시온도 121℃ 이상의 것으로 할 수 있다.

설치장소의 최고 주위온도	표시온도
39℃ 미만	79℃ 미만
39℃ 이상 64℃ 미만	79℃ 이상 121℃ 미만
64℃ 이상 106℃ 미만	121℃ 이상 162℃ 미만
106℃ 이상	162℃ 이상

⑦ 스프링클러헤드는 다음 각 호의 방법에 따라 설치하여야 한다.

1. 살수가 방해되지 아니하도록 스프링클러헤드로부터 반경 60 ㎝ 이상의 공간을 보유할 것. 다만, 벽과 스프링클러헤드간의 공간은 10 ㎝ 이상으로 한다.
2. 스프링클러헤드와 그 부착면(상향식헤드의 경우에는 그 헤드의 직상부의 천장·반자 또는 이와 비슷한 것을 말한다. 이하 같다)과의 거리는 30 ㎝ 이하로 할 것.

3. 배관·행가 및 조명기구 등 살수를 방해하는 것이 있는 경우에는 제1호 및 제2호에도 불구하고 그로부터 아래에 설치하여 살수에 장애가 없도록 할 것. 다만, 스프링클러헤드와 장애물과의 이격거리를 장애물 폭의 3배 이상 확보한 경우에는 그러하지 아니하다. 〈개정 2008.12.15〉
4. 스프링클러헤드의 반사판은 그 부착 면과 평행하게 설치할 것. 다만, 측벽형헤드 또는 제6호에 따른 연소할 우려가 있는 개구부에 설치하는 스프링클러헤드의 경우에는 그러하지 아니하다.
5. 천장의 기울기가 10분의 1을 초과하는 경우에는 가지관을 천장의 마루와 평행하게 설치하고, 스프링클러헤드는 다음 각 목의 어느 하나의 기준에 적합하게 설치 할 것
   가. 천장의 최상부에 스프링클러헤드를 설치하는 경우에는 최상부에 설치하는 스프링클러헤드의 반사판을 수평으로 설치할 것
   나. 천장의 최상부를 중심으로 가지관을 서로 마주보게 설치하는 경우에는 최상부의 가지관 상호간의 거리가 가지관상의 스프링클러헤드 상호간의 거리의 2분의1이하(최소 1 m 이상이 되어야 한다)가 되게 스프링클러헤드를 설치하고, 가지관의 최상부에 설치하는 스프링클러헤드는 천장의 최상부로부터의 수직거리가 90 ㎝ 이하가 되도록 할 것. 톱날지붕, 둥근지붕 기타 이와 유사한 지붕의 경우에도 이에 준한다.
6. 연소할 우려가 있는 개구부에는 그 상하좌우에 2.5 m 간격으로(개구부의 폭이 2.5 m 이하인 경우에는 그 중앙에) 스프링클러헤드를 설치하되, 스프링클러헤와 개구부의 내측 면으로부터 직선거리는 15 ㎝ 이하가 되도록 할 것. 이 경우 사람이상시 출입하는 개구부로서 통행에 지장이 있는 때에는 개구부의 상부 또는 측면(개구부의 폭이 9 m 이하인 경우에 한한다)에 설치하되, 헤드 상호간의 간격은 1.2 m이하로 설치하여야 한다
7. 습식스프링클러설비 및 부압식스프링클러설비 외의 설비에는 상향식스프링클러헤드를 설치할 것. 다만, 다음 각 목의 어느 하나에 해당하는 경우에는 그러하지 아니하다. 〈개정 2011.11.24〉
   가. 드라이펜던트스프링클러헤드를 사용하는 경우
   나. 스프링클러헤드의 설치장소가 동파의 우려가 없는 곳인 경우

다. 개방형스프링클러헤드를 사용하는 경우

8. 측벽형스프링클러헤드를 설치하는 경우 긴 변의 한쪽 벽에 일렬로 설치(폭이 4.5 m 이상 9 m 이하인 실에 있어서는 긴변의 양쪽에 각각 일렬로 설치하되 마주보는 스프링클러헤드가 나란히꼴이 되도록 설치)하고 3.6 m 이내마다 설치할 것

9. 상부에 설치된 헤드의 방출수에 따라 감열부에 영향을 받을 우려가 있는 헤드에는 방출수를 차단할 수 있는 유효한 차폐판을 설치할 것

⑧ 제7항제2호에도 불구하고 특정소방대상물의 보와 가장 가까운 스프링클러 헤드는 다음 표의 기준에 따라 설치하여야 한다. 다만, 천장 면에서 보의 하단까지의 길이가 55 ㎝를 초과하고 보의 중심으로부터 스프링클러헤드까지의 거리가 스프링클러헤드 상호간 거리의 2분의 1 이하가 되는 경우에는 스프링클러헤드와 그 부착면과의 거리를 55 ㎝ 이하로 할 수 있다.

스프링클러헤드의 반사판 중심과 보의수평거리	스프링클러헤드의 반사판 높이와 보의 하 단 높이의 수직거리
0.75 m 미만	보의 하단보다 낮을 것
0.75 m 이상 1 m 미만	0.1 m 미만일 것
1 m 이상 1.5 m 미만	0.15 m 미만일 것
1.5 m 이상	0.3 m 미만일 것

제11조(송수구) 스프링클러설비에는 소방차로부터 그 설비에 송수할 수 있는 송수구 를 다음 각 호의 기준에 따라 설치하여야 한다.

1. 송수구는 화재 층으로부터 지면으로 떨어지는 유리창 등이 송수 및 그 밖의 소화작업에 지장을 주지 아니하는 장소에 설치할 것
2. 송수구로부터 스프링클러설비의 주배관에 이르는 연결배관에 개폐밸브를 설치한 때에는 그 개폐상태를 쉽게 확인 및 조작할 수 있는 옥외 또는 기계실 등의 장소에 설치할 것

3. 구경 65 ㎜의 쌍구형으로 할 것
4. 송수구에는 그 가까운 곳의 보기 쉬운 곳에 송수압력범위를 표시한 표지를 할 것
5. 폐쇄형스프링클러헤드를 사용하는 스프링클러설비의 송수구는 하나의 층의 바닥면적이 3,000 ㎡를 넘을 때마다 1개 이상(5개를 넘을 경우에는 5개로 한다)을 설치할 것
6. 지면으로부터 높이가 0.5 m 이상 1 m 이하의 위치에 설치할 것
7. 송수구의 가까운 부분에 자동배수밸브(또는 직경 5 ㎜의 배수공) 및 체크밸브를 설치할 것. 이 경우 자동배수밸브는 배관안의 물이 잘 빠질 수 있는 위치에 설치하되, 배수로 인하여 다른 물건 또는 장소에 피해를 주지 아니하여야 한다.
8. 송수구에는 이물질을 막기 위한 마개를 씌워야 한다. 〈개정 2008.12.15〉

제12조(전원) ① 스프링클러설비에는 다음 각 호의 기준에 따른 상용전원회로의 배선을 설치하여야 한다. 다만, 가압수조방식으로서 모든 기능이 20분 이상, 층수가 30층 이상 49층 이하는 40분 이상, 50층 이상은 60분 이상 유효하게 지속될 수 있는 경우에는 그러하지 아니하다. 〈개정 2008.12.15, 2012.2.15〉

1. 저압수전인 경우에는 인입개폐기의 직후에서 분기하여 전용배선으로 하여야 하며, 전용의 전선관에 보호 되도록 할 것
2. 특별고압수전 또는 고압수전일 경우에는 전력용 변압기 2차측의 주차단기 1차측에서 분기하여 전용배선으로 하되, 상용전원의 상시공급에 지장이 없을 경우에는 주차단기 2차측에서 분기하여 전용배선으로 할 것. 다만, 가압송수장치의 정격입력 전압이 수전전압과 같은 경우에는 제1호의 기준에 따른다.

② 스프링클러설비에는 자가발전설비 또는 축전지설비에 따른 비상전원을 설치하여야 한다. 다만, 차고·주차장으로서 스프링클러설비가 설치된 부분의 바닥면적(포소화설비의화재안전기준(NFSC 105) 제13제2항제2호에 따라 차고·주차장의 바닥면적을 포함한다)의 합계가 1,000 ㎡ 미만인 경우에는 비상전원수전설비로 설치할 수 있으며, 2이상의 변전소(「전기사업법」 제67조에 따른 변전소를 말한다. 이하 같다)에서 전력을 동시에 공급받을 수 있거나 하나의 변전소로부터 전력의 공급이중단되는 때에는 자동으로 다른 변전소로부터 전력을 공급받을 수 있도록 상

용전원을 설치한 경우와 가압수조방식에는 비상전원을 설치하지 아니할 수 있다. 〈개정 2008.12.15〉

③ 제2항에 따라 비상전원 중 자가발전설비 또는 축전지설비(내연기관에 따른 펌프를 설치한 경우에는 내연기관의 기동 및 제어용축전지를 말한다)는 다음 각 호의 기준을, 비상전원수전설비는 소방시설용 비상전원수전설비의 화재안전기준(NFSC 602)에 따라 설치하여야 한다.

1. 점검에 편리하고 화재 및 침수 등의 재해로 인한 피해를 받을 우려가 없는 곳에 설치할 것
2. 스프링클러설비를 유효하게 20분 이상, 층수가 30층 이상 49층 이하는 40분 이상, 50층 이상은 60분 이상 작동할 수 있어야 할 것
3. 상용전원으로부터 전력의 공급이 중단된 때에는 자동으로 비상전원으로부터 전력을 공급받을 수 있도록 할 것
4. 비상전원(내연기관의 기동 및 제어용 축전기를 제외한다)의 설치장소는 다른 장소와 방화구획 할 것. 이 경우 그 장소에는 비상전원의 공급에 필요한 기구나 설비외의 것(열병합발전설비에 필요한 기구나 설비는 제외한다)을 두어서는 아니된다. 〈개정 2008.12.15〉
5. 비상전원을 실내에 설치하는 때에는 그 실내에 비상조명등을 설치할 것
6. 옥내에 설치하는 비상전원실에는 옥외로 직접 통하는 충분한 용량의 급배기설비를 설치할 것 〈개정 2011.11.24〉
7. 비상전원의 출력용량은 다음 각 목의 기준을 충족할 것 〈신설 2011.11.24〉
   가. 비상전원 설비에 설치되어 동시에 운전될 수 있는 모든 부하의 합계 입력용량을 기준으로 정격출력을 선정할 것. 다만, 소방전원 보존형발전기를 사용할 경우에는 그러하지 아니하다.
   나. 기동전류가 가장 큰 부하가 기동될 때에도 부하의 허용 최저입력전압이상의 출력전압을 유지할 것
   다. 단시간 과전류에 견디는 내력은 입력용량이 가장 큰 부하가 최종 기동할 경우에도 견딜 수 있을 것
8. 자가발전설비는 부하의 용도와 조건에 따라 다음 각 목 중의 하나를 설치할 것

〈신설 2011.11.24〉

가. 소방부하 전용 발전기

나. 소방부하 이외의 부하와 겸용일 경우에는 소방전원 보존형발전기. 다만, 모든부하의 합계입력용량을 기준으로 정격출력용량을 선정하는 경우에는 그러하지 아니하다.(수용률은 하나의 건축물에 있어서 소방부하는 1로 하고, 비상부하는 1 또는 국토해양부 건축전기설비기술기준의 수용률 범위 중 최대값이상을 적용 한다)

9. 비상전원실의 출입구 외부에는 실의 위치와 비상전원의 종류를 식별할 수 있도록 표지판을 부착할 것 〈신설 2011.11.24〉

제13조(제어반) ① 스프링클러설비에는 제어반을 설치하되, 감시제어반과 동력제어반으로 구분하여 설치하여야 한다. 다만, 다음 각 호의 어느 하나에 해당하는 경우에는 감시제어반과 동력제어반으로 구분하여 설치하지 아니할 수 있다.

1. 다음 각 목의 어느 하나에 해당하지 아니하는 특정소방대상물에 설치되는 스프링클러설비

가. 지하층을 제외한 층수가 7층 이상으로서 연면적이 2,000 ㎡ 이상인 것

나. 제1호에 해당하지 아니하는 특정소방대상물로서 지하층의 바닥면적의 합계가 3,000 ㎡ 이상인 것. 다만, 차고·주차장 또는 보일러실·기계실·전기실 등이와 유사한 장소의 면적은 제외한다.

2. 내연기관에 따른 가압송수장치를 사용하는 스프링클러설비

3. 고가수조에 따른 가압송수장치를 사용하는 스프링클러설비

4. 가압수조에 따른 가압송수장치를 사용하는 스프링클러설비 〈신설 2008.12.15〉

② 감시제어반의 기능은 다음 각 호의 기준에 적합하여야 한다. 다만, 제1항 각 호의 어느 하나에 해당하는 경우에는 제3호 및 제5호를 적용하지 아니한다.

1. 각 펌프의 작동여부를 확인할 수 있는 표시등 및 음향경보기능이 있어야 할 것

2. 각 펌프를 자동 및 수동으로 작동시키거나 작동을 중단시킬 수 있어야 한다. 〈개정 2008.12.15〉

3. 비상전원을 설치한 경우에는 상용전원 및 비상전원의 공급여부를 확인할 수 있어야 할 것 〈신설 2008.12.15〉
4. 수조 또는 물올림탱크가 저수위로 될 때 표시등 및 음향으로 경보할 것
5. 예비전원이 확보되고 예비전원의 적합여부를 시험할 수 있어야 할 것

③ 감시제어반은 다음 각 호의 기준에 따라 설치하여야 한다.

1. 화재 및 침수 등의 재해로 인한 피해를 받을 우려가 없는 곳에 설치할 것
2. 감시제어반은 스프링클러설비의 전용으로 할 것. 다만, 스프링클러설비의 제어에 지장이 없는 경우에는 다른 설비와 겸용할 수 있다.
3. 감시제어반은 다음 각 목의 기준에 따른 전용실안에 설치할 것. 다만, 제1항 각호의 어느 하나에 해당하는 경우와 공장, 발전소 등에서 설비를 집중 제어·운전할 목적으로 설치하는 중앙제어실내에 감시제어반을 설치하는 경우에는 그러하지 아니하다.

가. 다른 부분과 방화구획을 할 것. 이 경우 전용실의 벽에는 기계실 또는 전기실 등의 감시를 위하여 두께 7 ㎜ 이상의 망입유리(두께 16.3 ㎜ 이상의 접합유리 또는 두께 28 ㎜ 이상의 복층유리를 포함한다)로 된 4 ㎡ 미만의 붙박이창을 설치할 수 있다.

나. 피난층 또는 지하 1층에 설치할 것. 다만, 다음의 어느 하나에 해당하는 경우에는 지상 2층에 설치하거나 지하 1층 외의 지하층에 설치할 수 있다.

(1) 「건축법시행령」 제35조에 따라 특별피난계단이 설치되고 그 계단(부속실을 포함한다)출입구로부터 보행거리 5 m이내에 전용실의 출입구가 있는 경우

(2) 아파트의 관리동(관리동이 없는 경우에는 경비실)에 설치하는 경우

다. 비상조명등 및 급·배기설비를 설치할 것

라. 무선통신보조설비의 화재안전기준(NFSC 505) 제6조에 따른 무선기기 접속단자(영 별표 4 소화활동설비의 소방시설 적용기준란 제5호에 따른 무선통신 보조설비가 설치된 특정소방대상물에 한한다)를 설치할 것

마. 바닥면적은 감시제어반의 설치에 필요한 면적 외에 화재 시 소방대원이 그 감시제어반의 조작에 필요한 최소면적 이상으로 할 것

4. 제3호에 따른 전용실에는 특정소방대상물의 기계·기구 또는 시설 등의 제어 및 감시설비외의 것을 두지 아니할 것
5. 각 유수검지장치 또는 일제개방밸브의 작동여부를 확인할 수 있는 표시 및 경보기능이 있도록 할 것
6. 일제개방밸브를 개방시킬 수 있는 수동조작스위치를 설치할 것
7. 일제개방밸브를 사용하는 설비의 화재감지는 각 경계회로별로 화재표시가 되도록 할 것
8. 다음의 각 확인회로마다 도통시험 및 작동시험을 할 수 있도록 할 것
   가. 기동용수압개폐장치의 압력스위치회로
   나. 수조 또는 물올림탱크의 저수위감시회로
   다. 유수검지장치 또는 일제개방밸브의 압력스위치회로
   라. 일제개방밸브를 사용하는 설비의 화재감지기회로
   마. 제8조제16항에 따른 개폐밸브의 폐쇄상태 확인회로
   바. 그 밖의 이와 비슷한 회로
9. 감시제어반과 자동화재탐지설비의 수신기를 별도의 장소에 설치하는 경우에는,. 이들 상호간에 동시 통화가 가능하도록 할

④ 동력제어반은 다음 각 호의 기준에 따라 설치하여야 한다.

1. 앞면은 적색으로 하고 "스프링클러설비용 동력제어반"이라고 표시한 표지를 설치 할 것
2. 외함은 두께 1.5 ㎜ 이상의 강판 또는 이와 동등 이상의 강도 및 내열성능이 있는 것으로 할 것
3. 그 밖의 동력제어반의 설치에 관하여는 제3항제1호 및 제2호의 기준을 준용할 것

⑤ 발전기 제어반의 소방전원 보존형 발전기 컨트롤러는 다음 각 호의 기준 항목이 포함된 한국소방산업기술원 또는 비영리 공인기관의 성능시험을 필한 것으로 설치 하여야 한다. 〈신설 2011.11.24〉

1. 소방전원 보존형 발전기 컨트롤러임을 식별할 수 있도록 표기할 것
2. 발전기 운전 시 소방부하 및 기타부하에 비상전원이 동시 공급되고, 그 상태가

표시되는 장치를 구비할 것

3. 발전기가 과부하에 도달될 경우에는 비상부하는 자동적으로 차단되고, 그 상태를 표시되는 장치를 구비할 것

제14조(배선 등) ① 스프링클러설비의 배선은「전기사업법」제67조에 따른 기술기준에서 정한 것 외에 다음 각 호의 기준에 따라 설치하여야 한다.

1. 비상전원으로부터 동력제어반 및 가압송수장치에 이르는 전원회로배선은 내화배선으로 할 것. 다만, 자가발전설비와 동력제어반이 동일한 실에 설치된 경우에는 자가 발전기로부터 그 제어반에 이르는 전원회로배선은 그러하지 아니하다.
2. 상용전원으로부터 동력제어반에 이르는 배선, 그 밖의 스프링클러설비의 감시·조작 또는 표시등회로의 배선은 내화배선 또는 내열배선으로 할 것. 다만, 감시제어반 또는 동력제어반 안의 감시·조작 또는 표시등회로의 배선은 그러하지 아니하다.

② 제1항에 따른 내화배선 및 내열배선에 사용되는 전선 및 설치방법은 옥내소화전설비의화재안전기준(NFSC 102)의 별표 1의 기준에 따른다.

③ 스프링클러설비의 과전류차단기 및 개폐기에는 "스프링클러설비용"이라고 표시한 표지를 하여야 한다.

④ 스프링클러설비용 전기배선의 양단 및 접속단자에는 다음 각 호의 기준에 따라 표지하여야 한다.

1. 단자에는 "스프링클러설비단자"라고 표시한 표지를 부착할 것
2. 스프링클러설비용 전기배선의 양단에는 다른 배선과 식별이 용이하도록 표시할 것

제15조(헤드의 설치제외) ① 스프링클러설비를 설치하여야 할 특정소방대상물에 있어서 다음 각 호의 어느 하나에 해당하는 장소에는 스프링클러헤드를 설치하지 아니할 수 있다.

1. 계단실(특별피난계단의 부속실을 포함한다)·경사로·승강기의 승강로·비상용승강기의 승강장·파이프덕트 및 덕트피트(파이프·덕트를 통과시키기 위한 구획된

구멍에 한한다)·목욕실·수영장(관람석부분을 제외한다)·화장실·직접 외기에 개방 되어있는 복도·기타 이와 유사한 장소 〈개정 2008.12.15, 2011.11.24〉

2. 통신기기실·전자기기실·기타 이와 유사한 장소
3. 발전실·변전실·변압기·기타 이와 유사한 전기설비가 설치되어 있는 장소
4. 병원의 수술실·응급처치실·기타 이와 유사한 장소
5. 천장과 반자 양쪽이 불연재료로 되어 있는 경우로서 그 사이의 거리 및 구조가 다음 각 목의 어느 하나에 해당하는 부분
   가. 천장과 반자사이의 거리가 2 m 미만인 부분
   나. 천장과 반자사이의 벽이 불연재료이고 천장과 반자사이의 거리가 2 m 이상으로서 그 사이에 가연물이 존재하지 아니하는 부분
6. 천장·반자중 한쪽이 불연재료로 되어있고 천장과 반자사이의 거리가 1 m 미만인 부분
7. 천장 및 반자가 불연재료 외의 것으로 되어 있고 천장과 반자사이의 거리가 0.5 m 미만인 부분
8. 펌프실·물탱크실 엘리베이터 권상기실 그 밖의 이와 비슷한 장소
   〈신설 2008.12.15〉
9. 아파트의 세대별로 설치된 보일러실로서 환기구를 제외한 부분이 다른 부분과 방화구획 되어 있는 보일러실
10. 현관 또는 로비 등으로서 바닥으로부터 높이가 20 m 이상인 장소
11. 영하의 냉장창고의 냉장실 또는 냉동창고의 냉동실 〈신설 2008.12.15〉
12. 고온의 노가 설치된 장소 또는 물과 격렬하게 반응하는 물품의 저장 또는 취급 장소
13. 불연재료로 된 특정소방대상물 또는 그 부분으로서 다음 각 목의 어느 하나에 해당하는 장소
    가. 정수장·오물처리장 그 밖의 이와 비슷한 장소
    나. 펄프공장의 작업장·음료수공장의 세정 또는 충전하는 작업장 그 밖의 이와 비슷한 장소

다. 불연성의 금속·석재 등의 가공공장으로서 가연성물질을 저장 또는 취급하지아니하는 장소

14. 실내에 설치된 테니스장·게이트볼장·정구장 또는 이와 비슷한 장소로서 실내 바닥·벽·천장이 불연재료 또는 준불연재료로 구성되어 있고 가연물이 존재하지 않는 장소로서 관람석이 없는 운동시설(지하층은 제외한다)

② 제10조제7항제6호의 연소할 우려가 있는 개구부에 다음 각 호의 기준에 따른 드렌처설비를 설치한 경우에는 해당 개구부에 한하여 스프링클러헤드를 설치하지 아니할 수 있다.

1. 드렌처헤드는 개구부 위 측에 2.5 m 이내마다 1개를 설치할 것
2. 제어밸브(일제개방밸브·개폐표시형밸브 및 수동조작부를 합한 것을 말한다. 이하같다)는 특정소방대상물 층마다에 바닥 면으로부터 0.8m 이상 1.5 m 이하의 위치에 설치할 것
3. 수원의 수량은 드렌처헤드가 가장 많이 설치된 제어밸브의 드렌처헤드의 설치개수에 1.6 ㎥를 곱하여 얻은 수치 이상이 되도록 할 것
4. 드렌처설비는 드렌처헤드가 가장 많이 설치된 제어밸브에 설치된 드렌처헤드를 동시에 사용하는 경우에 각각의 헤드선단에 방수압력이 0.1 ㎫ 이상, 방수량이 80 ℓ/min 이상이 되도록 할 것
5. 수원에 연결하는 가압송수장치는 점검이 쉽고 화재 등의 재해로 인한 피해우려가 없는 장소에 설치할 것

제16조(수원 및 가압송수장치의 펌프 등의 겸용) ① 스프링클러설비의 수원을 옥내소화 전설비·간이스프링클러설비·화재조기진압용 스프링클러설비·물분무소화 설비·포소화전설비 및 옥외소화전설비의 수원과 겸용하여 설치하는 경우의 저수량은 각 소화 설비에 필요한 저수량을 합한 양 이상이 되도록 하여야 한다 다만, 이들 소화설비중 고정식 소화설비(펌프·배관과 소화수 또는 소화약제를 최종 방출하는 방출구가고정된 설비를 말한다. 이하 같다)가 2 이상 설치되어 있고, 그 소화설비가 설치된부분이 방화벽과 방화문으로 구획되어 있는 경우에는 각 고정식소화설비에 필요한저수량 중 최대의 것 이상으로 할 수 있다.

② 스프링클러설비의 가압송수장치로 사용하는 펌프를 옥내소화전설비·간이스프링클러설비·화재조기진압용 스프링클러설비·물분무소화설비·포소화설비 및 옥외소화전설비의 가압송수장치와 겸용하여 설치하는 경우의 펌프의 토출량은 각 소화설비에 해당하는 토출량을 합한 양 이상이 되도록 하여야 한다. 다만, 이들 소화설비중 고정식 소화설비가 2 이상 설치되어 있고, 그 소화설비가 설치된 부분이 방화벽과 방화문으로 구획되어 있으며 각 소화설비에 지장이 없는 경우에는 펌프의 토출량중최대의 것 이상으로 할 수 있다.

③ 옥내소화전설비·스프링클러설비·간이스프링클러설비·화재조기진압용 스프링클러설비·물분무소화설비·포소화설비 및 옥외소화전설비의 가압송수장치에 있어서 각 토출측배관과 일반급수용의 가압송수장치의 토출 측 배관을 상호 연결하여 화재 시사용할 수 있다. 이 경우 연결배관에는 개폐표시형밸브를 설치하여야 하며, 각 소화설비의 성능에 지장이 없도록 하여야 한다.

④ 스프링클러설비의 송수구를 옥내소화전설비·간이스프링클러설비·화재조기진압용스프링클러설비·물분무소화설비·포소화설비·연결송수관설비 또는 연결살수설비의 송수구와 겸용으로 설치하는 경우에는 스프링클러설비의 송수구의 설치기준에 따르되 각각의 소화설비의 기능에 지장이 없도록 하여야 한다.

第17조(설치·유지기준의 특례) 소방본부장 또는 소방서장은 기존건축물이 증축·개축·대 수선되거나 용도변경 되는 경우에 있어서 이 기준이 정하는 기준에 따라 해당 건축물에 설치하여야 할 스프링클러설비의 배관·배선 등의 공사가 현저하게 곤란하다고 인정되는 경우에는 해당 설비의 기능 및 사용에 지장이 없는 범위 안에서 스프링클러설비의 설치·유지기준의 일부를 적용하지 아니할 수 있다.

第18조(재검토 기한) 「훈령·예규 등의 발령 및 관리에 관한 규정」(대통령훈령 제248호)에 따라 이 고시 발령 후의 법령이나 현실여건의 변화 등을 검토하여 이 고시의 폐지, 개정 등의 조치를 하여야 하는 기한은 2015년 2월 14일까지로 한다. 〈신설 2009.8.24, 개정 2011.11.24, 2012.2.15〉

부 칙 〈제2012-89호, 2012.2.15〉

기준은 고시한 날로부터 20일이 경과한 날부터 시행한다.

[별표 1]

스프링클러헤드 수별 급수관의 구경

(제8조 제3항 제3호 관련)

(단위 : ㎜)

구분 \ 급수관의 구경	25	32	40	50	65	80	90	100	125	150
가	2	3	5	10	30	60	80	100	160	161 이상
나	2	4	7	15	30	60	65	100	160	161 이상
다	1	2	5	8	15	27	40	55	90	91 이상

(주)

1. **폐쇄형스프링클러헤드를** 사용하는 설비의 경우로서 1개층에 하나의 급수배관(또는 밸브 등)이 담당하는 구역의 최대면적은 3,000 ㎡를 초과하지 아니할 것

2. **폐쇄형스프링클러헤드를** 설치하는 경우에는 "가"란의 헤드 수에 따를 것. 다만, 100개 이상의 헤드를 담당하는 급수배관(또는 밸브)의 구경을 100 ㎜로 할 경우에는 수리계산을 통하여 제8조제3항제3호에서 규정한 배관의 유속에 적합 하도록 할 것

3. **폐쇄형스프링클러헤드를** 설치하고 반자 아래의 헤드와 반자속의 헤드를 동일급수관의 가지관상에 병설하는 경우에는 "나"란의 헤드 수에 따를 것

4. **제10조제3항제1호의** 경우로서 폐쇄형스프링클러헤드를 설치하는 설비의 배관구경은"다"란에 따를 것

5. **개방형스프링클러헤드를** 설치하는 경우 하나의 방수구역이 담당하는 헤드의 개수가 30개 이하일 때는 "다"란의 헤드수에 의하고, 30개를 초과할 때는 수리계산 방법에 따를 것

4.3

화재조기진압용 스프링클러설비의 화재안전기준 (NFSC 103B)

제1조(목적) 이 기설비인 준은 소화화재조기진압용 스프링클러설비의 설치유지 및 안전관리에 필요한 사항을 규정함을 목적으로 한다.

제2조(적용범위) 소방시설 설치유지 및 안전관리에 관한 법률(이하 "법"이라 한다) 제9조 제1항 및 동법률시행령(이하 "영"이라 한다) 별표 4 소화설비의 소방시설 적용기준란 제3호의 규정에 따른 스프링클러설비중 스프링클러설비의 화재안전기준(NFSC 103) 제10조제2항의 랙크식창고에 설치하는 화재조기진압용 스프링클러설비는 이 기준에서 정하는 규정에 따라 설비를 설치하고 유지·관리하여야 한다

제3조(정의) 이 기준에서 사용하는 용어의 정의는 다음과 같다

1. "화재조기진압용 스프링클러헤드"라 함은 특정 높은장소의 화재위험에 대하여 조기에 진화할 수 있도록 설계된 스프링클러헤드를 말한다.
2. "충압펌프"라 함은 배관 내 압력손실에 따른 주펌프의 빈번한 기동을 방지하기 위하여 충압역할을 하는 펌프를 말한다.
3. "고가수조"라 함은 구조물 또는 지형지물 등에 설치하여 자연낙차압력으로 급수하는 수조를 말한다.
4. "압력수조"라 함은 소화용수와 공기를 채우고 일정압력 이상으로 가압하여 그 압력으로 급수하는 수조를 말한다.
5. "정격토출량"이라 함은 정격토출압력에서의 펌프의 토출량을 말한다.
6. "정격토출압력"이라 함은 정격토출량에서의 펌프의 토출측 압력을 말한다.
7. "진공계"라 함은 대기압 이하의 압력을 측정하는 계측기를 말한다.

8. “연성계”라 함은 대기압 이상의 압력과 대기압 이하의 압력을 측정할 수 있는 계측기를 말한다.
9. “체절운전”이라 함은 펌프의 성능시험을 목적으로 펌프토출측의 개폐밸브를 닫은상태에서 펌프를 운전하는 것을 말한다.
10. “기동용수압개폐장치”라 함은 소화설비의 배관내 압력변동을 검지하여 자동적으로 펌프를 기동 및 정지시키는 것으로서 압력챔버 또는 기동용압력스위치 등을 말 한다.
11. “유수검지장치”라 함은 습식유수검지장치를 말하며 본체내의 유수현상을 자동적으로 검지하여 신호 또는 경보를 발하는 장치를 말한다.
12. “가지배관”이라 함은 화재조기진압용 스프링클러헤드가 설치되어 있는 배관을 말한다.
13. “교차배관”이라 함은 직접 또는 수직배관을 통하여 가지배관에 급수하는 배관을 말한다.
14. “주배관”이라 함은 각 층을 수직으로 관통하는 수직배관을 말한다.
15. “신축배관”이라 함은 가지배관과 스프링클러헤드를 연결하는 구부림이 용이하도록 유연성을 가진 배관을 말한다.
16. "급수배관"이라 함은 수원 및 옥외송수구로부터 화재조기진압용 스프링클러헤드에 급수하는 배관을 말한다.
17. “개폐표시형밸브”라 함은 밸브의 개폐여부를 외부에서 식별이 가능한 밸브를 말 한다.
18. “가압수조”라 함은 가압원인 압축공기 또는 불연성 고압기체에 따라 소방용수를 가압시키는 수조를 말한다.〈신설 2008.12.15〉

제4조(설치장소의 구조) 화재조기진압용 스프링클러설비를 설치할 장소의 구조는 다음각호에 적합하여야 한다.

1. 당해층의 높이가 13.7 m 이하일 것. 다만, 2층 이상일 경우에는 당해층의 바닥을 내화구조로 하고 다른 부분과 방화구획 할 것

2. 천장의 기울기가 1,000분의 168을 초과하지 않아야 하고, 이를 초과하는 경우에는 반자를 지면과 수평으로 설치할 것
3. 천장은 평평하여야 하며 철재나 목재트러스 구조인 경우, 철재나 목재의 돌출부분이 102 ㎜를 초과하지 아니할 것
4. 보로 사용되는 목재·콘크리트 및 철재사이의 간격이 0.9 m 이상 2.3 m 이하일 것. 다만, 보의 간격이 2.3 m 이상인 경우에는 화재조기진압용 스프링클러헤드의 동작을 원활히 하기 위하여 보로 구획된 부분의 천장 및 반자의 넓이가 28 ㎡를 초과하지 아니할 것
5. 창고내의 선반의 형태는 하부로 물이 침투되는 구조로 할 것

제5조(수원) ① 화재조기진압용 스프링클러설비의 수원은 수리학적으로 가장 먼가지 배관 3개에 각각 4개의 스프링클러헤드가 동시에 개방되었을 때 헤드선단의 압력이 별표3에 의한 값 이상으로 60분간 방사할 수 있는 양으로 계산식은 다음과 같다.

$$Q = 12 \times 60 \times K\sqrt{10p}$$

Q : 수원의 양(ℓ)

K : 상수[ℓ/min/(㎫)1/2]

p : 헤드선단의 압력(㎫)

② 화재조기진압용 스프링클러설비의 수원은 제1항의 규정에 따라 산출된 유효수량 외 유효수량의 3분의 1 이상을 옥상(화재조기진압용 스프링클러설비가 설치된 건축물의 주된 옥상을 말한다)에 설치하여야 한다. 다만, 다음 각호의 1에 해당하는 경우에는 그러하지 아니하다.

1. 옥상이 없는 건축물 또는 공작물
2. 지하층만 있는 건축물
3. 제6조제2항의 규정에 따라 고가수조를·가압송수장치로 설치한 화재조기진압용

스프링클러설비

4. 수원이 건축물의 지붕보다 높은 위치에 설치된 경우
5. 건축물의 높이가 지표면으로부터 10 m 이하인 경우
6. 주펌프와 동등 이상의 성능이 있는 별도의 펌프로서 내연기관의 기동과 연동하여 작동되거나 비상전원을 연결하여 설치한 경우
7. 제6조제4항의 규정에 따라 가압수조를 가압송수장치로 설치한 화재조기진압용 스프링클러설비〈신설 2009.10.22〉

③ 옥상수조(제1항의 규정에 따라 산출된 유효수량의 3분의 1 이상을 옥상에 설치한 설비를 말한다. 이하 같다)는 이와 연결된 배관을 통하여 상시 소화수를 공급할 수 있는 구조인 소방대상물인 경우에는 둘 이상의 소방대상물이 있더라도 하나의 소방대상물에만 이를 설치할 수 있다.

④ 화재조기진압용 스프링클러설비의 수원을 수조로 설치하는 경우에는 소방설비의 전용수조로 하여야 한다. 다만, 다음 각호의 1에 해당하는 경우에는 그러하지 아니하다.

1. 화재조기진압용스프링클러펌프의 후드밸브 또는 흡수배관의 흡수구(수직회전축펌프의 흡수구를 포함한다. 이하 같다)를 다른 설비(소방용 설비 외의 것을 말한다. 이하 같다)의 후드밸브 또는 흡수구보다 낮은 위치에 설치한 때
2. 제6조제2항의 규정에 따른 고가수조로부터 화재조기진압용 스프링클러설비의 수직배관에 물을 공급하는 급수구를 다른 설비의 급수구보다 낮은 위치에 설치한 때

⑤ 제1항 및 제2항의 규정에 따른 저수량을 산정함에 있어서 다른 설비와 겸용하여 화재조기진압용 스프링클러설비용 수조를 설치하는 경우에는 화재조기진압용 스프링클러설비의 후드밸브·흡수구 또는 수직배관의 급수구와 다른 설비의 후드밸브·흡수구 또는 수직배관의 급수구와의 사이의 수량을 그 유효수량으로 한다.

⑥ 화재조기진압용 스프링클러설비용 수조는 다음 각호의 기준에 따라 설치하여야 한다.

1. 점검에 편리한 곳에 설치할 것
2. 동결방지조치를 하거나 동결의 우려가 없는 장소에 설치할 것

3. 수조의 외측에 수위계를 설치할 것. 다만, 구조상 불가피한 경우에는 수조의 맨홀등을 통하여 수조 안의 물의 양을 쉽게 확인할 수 있도록 하여야 한다.
4. 수조의 상단이 바닥보다 높은 때에는 수조의 외측에 고정식 사다리를 설치할 것
5. 수조가 실내에 설치된 때에는 그 실내에 조명설비를 설치할 것
6. 수조의 밑 부분에는 청소용 배수밸브 또는 배수관을 설치할 것
7. 수조의 외측의 보기 쉬운 곳에 "화재조기진압용 스프링클러설비용 수조"라고 표시한 표지를 할 것. 이 경우 그 수조를 다른 설비와 겸용하는 때에는 그 겸용되는 설비의 이름을 표시한 표지를 함께 하여야 한다.
8. 화재조기진압용 스프링클러펌프의 흡수배관 또는 화재조기진압용 스프링클러설비의 수직배관과 수조의 접속 부분에는 "화재조기진압용 스프링클러설비용 배관이라고 표시한 표지를 할 것. 다만, 수조와 가까운 장소에 화재조기진압용 스프링클러 펌프가 설치되고 화재조기진압용 스프링클러펌프에 제6조제1항제12호의규정에 따른 표지를 설치한 때에는 그러하지 아니하다.

제6조(가압송수장치) ① 전동기 또는 내연기관에 따라 펌프를 이용하는 가압송수장치는 다음 각호의 기준에 따라 설치하여야 한다.

1. 쉽게 접근할 수 있고 점검하기에 충분한 공간이 있는 장소로서 화재 및 침수등의 재해로 인한 피해를 받을 우려가 없는 곳에 설치할 것
2. 동결방지조치를 하거나 동결의 우려가 없는 장소에 설치할 것
3. 펌프는 전용으로 할 것. 다만, 다른 소화설비와 겸용하는 경우 각각의 소화설비의 성능에 지장이 없을 때에는 그러하지 아니하다.
4. 펌프의 토출측에는 압력계를 체크밸브 이전에 펌프토출측 플랜지에서 가까운 곳에 설치하고, 흡입측에는 연성계 또는 진공계를 설치할 것. 다만, 수원의 수위가 펌프의 위치보다 높거나 수직회전축 펌프의 경우에는 연성계 또는 진공계를 설치하지 아니할 수 있다.
5. 가압송수장치에는 정격부하 운전 시 펌프의 성능을 시험하기 위한 배관을 설치할 것. 다만, 충압펌프의 경우에는 그러하지 아니하다.
6. 가압송수장치에는 체절운전 시 수온의 상승을 방지하기 위한 순환배관을 설치

할것. 다만, 충압펌프의 경우에는 그러하지 아니하다.

7. 기동용수압개폐장치(압력챔버)를 사용할 경우 그 용적은 100ℓ 이상의 것으로 할 것

8. 수원의 수위가 펌프보다 낮은 위치에 있는 가압송수장치에는 다음의 기준에 따른 물올림장치를 설치할 것

 가. 물올림장치에는 전용의 수조를 설치할 것

 나. 수조의 유효수량은 100 ℓ 이상으로 하되, 구경 15 ㎜ 이상의 급수배관에 따라 당해 수조에 물이 계속 보급되도록 할 것

9. 제5조의 방사량 및 헤드선단의 압력을 충족할 것

10. 기동용수압개폐장치를 기동장치로 사용하는 경우에는 다음의 각목의 기준에 따른 충압펌프를 설치할 것

 가. 펌프의 토출압력은 그 설비의 최고위 살수장치의 자연압보다 적어도 0.2 ㎫이 더 크도록 하거나 가압송수장치의 정격토출압력과 같게 할 것

 나. 펌프의 정격토출량은 정상적인 누설량 보다 적어서는 아니 되며 화재조기진압용 스프링클러설비가 자동적으로 작동할 수 있도록 충분한 토출량을 유지할 것

11. 내연기관을 사용하는 경우에는 제어반에 따라 내연기관의 자동기동 및 수동기동이 가능하고, 상시 충전되어 있는 축전지설비를 갖출 것

12. 가압송수장치에는 "화재조기진압용 스프링클러펌프"라고 표시한 표지를 할 것. 이 경우 그 가압송수장치를 다른 설비와 겸용하는 때에는 그 겸용되는 설비의 이름을 표시한 표지를 함께 하여야 한다.

13. 가압송수장치가 기동이 된 경우에는 자동으로 정지되지 아니하도록 하여야 한다. 다만, 충압펌프의 경우에는 그러하지 아니하다.〈개정 2008.12.15〉

② 고가수조의 자연낙차를 이용한 가압송수장치는 다음 각호의 기준에 따라 설치하여야 한다.

1. 고가수조의 자연낙차수두(수조의 하단으로부터 최고층에 설치된 헤드까지의 수직거리를 말한다)는 다음의 식에 따라 산출한 수치 이상이 되도록 할 것

H = h1 + h2

H : 필요한 낙차(m)

h1 : 배관의 마찰손실 수두(m)

h2 : 별표3에 의한 최소방사압력의 환산수두(m)

2. 고가수조에는 수위계·배수관·급수관·오버플로우관 및 맨홀을 설치할 것

③ 압력수조를 이용한 가압송수장치는 다음 각호의 기준에 따라 설치하여야 한다.

1. 압력수조의 압력은 다음의 식에 따라 산출한 수치 이상으로 할 것

P : 필요한 압력(㎫)

p_1 : 낙차의 환산수두압(㎫)

p_2 : 배관의 마찰손실수두압(㎫)

p3 : 별표3에 의한 최소방사압력(㎫)

2. 압력수조에는 수위계·급수관·배수관·급기관·맨홀·압력계·안전장치 및 압력저하 방지를 위한 자동식 공기압축기를 설치할 것

④ 가압수조를 이용한 가압송수장치는 다음 각호의 기준에 따라 설치하여야 한다. 〈신설 2008.12.15〉

1. 가압수조의 압력은 제1항제9호의 규정에 따른 방수량 및 방수압이 20분 이상 유지되도록 할 것
2. 가압수조는 최대상용압력 1.5배의 물의 압력을 가하는 경우 물이 새지 않고 변형이 없을 것
3. 가압수조 및 가압원은 「건축법 시행령」 제46조에 따른 방화구획 된 장소에 설치 할 것
4. 가압수조에는 수위계·급수관·배수관·급기관·압력계·안전장치 및 수조에 소화수와 압력을 보충할 수 있는 장치를 설치할 것

5. 가압수조를 이용한 가압송수장치는 소방용기계기구의 승인 등에 관한 규칙 제31조 및 별표14 제30호에 적합한 것으로 설치할 것

제7조(방호구역·유수검지장치) 화재조기진압용 스프링클러설비의 방호구역(화재조기진압용 스프링클러설비의 소화범위에 포함된 영역을 말한다. 이하 같다)·유수검지장치는다음 각호의 기준에 적합하여야 한다.

1. 하나의 방호구역의 바닥면적은 3,000 ㎡를 초과하지 아니할 것
2. 하나의 방호구역에는 1개 이상의 유수검지장치를 설치하되, 화재발생시 접근이 쉽고 점검하기 편리한 장소에 설치할 것.
3. 하나의 방호구역은 2개층에 미치지 아니하도록 할 것. 다만, 1개층에 설치되는 화재조기진압용 스프링클러헤드의 수가 10개 이하인 경우에는 3개 층 이내로 할 수 있다.
4. 유수검지장치를 실내에 설치하거나 보호용 철망 등으로 구획하여 바닥으로부터 0.8 m 이상 1.5 m 이하의 위치에 설치하되, 그 실 등에는 가로 0.5 m 이상 세로 1 m 이상의 출입문을 설치하고 그 출입문 상단에 "유수검지장치실"이라고 표시한 표지를 설치할 것. 다만, 유수검지장치를 기계실(공조용기계실을 포함한다)안에설치하는 경우에는 별도의 실 또는 보호용 철망을 설치하지 아니하고 기계실 출입문 상단에 "유수검지장치실"이라고 표시한 표지를 설치할 수 있다.

   〈신설 2008.12.15〉
5. 화재조기진압용 스프링클러헤드에 공급되는 물은 유수검지장치를 지나도록 할 것. 다만, 송수구를 통하여 공급되는 물은 그러하지 아니하다.
6. 자연낙차에 따른 압력수가 흐르는 배관 상에 설치된 유수검지장치는 화재시 물의 흐름을 검지할 수 있는 최소한의 압력이 얻어질 수 있도록 수조의 하단으로부터 낙차를 두어 설치할 것

제8조(배관) ① 화재조기진압용 스프링클러설비의 배관은 습식으로 하여야 한다

② 배관은 배관용탄소강관(KSD 3507) 또는 배관내 사용압력이 1.2 ㎫ 이상일 경우에는 압력배관용탄소강관(KSD 3562) 또는 이음매 없는 동 및 동합금(KSD

5301)의 배관용 동관이나 이와 동등 이상의 강도·내식성 및 내열성을 가진 것으로 하여야 한다.

③ 제2항의 규정에 불구하고 다음 각호의 1에 해당하는 장소에는 소방방재청장이 정하여 고시하는 성능시험기술기준에 적합한 소방용 합성수지배관으로 설치할 수 있다.

1. 배관을 지하에 매설하는 경우
2. 다른 부분과 내화구조로 구획된 덕트 또는 피트의 내부에 설치하는 경우
3. 천장(상층이 있는 경우에는 상층바닥의 하단을 포함한다. 이하 같다)과 반자를 불연재료 또는 준불연재료로 설치하고 그 내부에 습식으로 배관을 설치하는 경우

④ 급수배관은 다음 각호의 기준에 따라 설치하여야 한다.

1. 전용으로 할 것. 다만, 화재조기진압용 스프링클러설비의 기동장치의 조작과 동시에 다른 설비의 용도에 사용하는 배관의 송수를 차단할 수 있거나, 화재조기진압용 스프링클러의 성능에 지장이 없는 경우에는 다른 설비와 겸용할 수 있다.
2. 급수를 차단할 수 있는 개폐밸브는 개폐표시형으로 할 것. 이 경우 펌프의 흡입측 배관에는 버터플라이밸브외의 개폐표시형밸브를 설치하여야 한다.
3. 배관의 구경은 제5조제1항의 규정에 적합하도록 수리계산에 따라 설치할 것. 다만, 이 경우 가지배관의 유속은 6 ㎧, 그 밖의 배관의 유속은 10 ㎧를 초과할 수 없다.

⑤ 펌프의 흡입측배관은 다음 각호의 기준에 따라 설치하여야 한다.

1. 공기고임이 생기지 아니하는 구조로 하고 여과장치를 설치할 것
2. 수조가 펌프보다 낮게 설치된 경우에는 각 펌프(충압펌프를 포함한다)마다 수조로부터 별도로 설치할 것

⑥ 연결송수관설비의 배관과 겸용할 경우의 주배관은 구경 100 ㎜ 이상, 방수구로 연결되는 배관의 구경은 65 ㎜ 이상의 것으로 하여야 한다.

⑦ 펌프의 성능은 체절운전 시 정격토출압력의 140%를 초과하지 아니하고, 정격토량의 150%로 운전 시 정격토출압력의 65% 이상이 되어야 하며, 펌프의 성능시험배관은 다음 각호의 기준에 적합하여야 한다.

1. 성능시험배관은 펌프의 토출측에 설치된 개폐밸브 이전에서 분기하여 설치하고,

유량측정장치를 기준으로 전단 직관부에 개폐밸브를 후단 직관부에는 유량조절밸브를 설치할 것

2. 유량측정장치는 성능시험배관의 직관부에 설치하되, 펌프의 정격토출량의 175% 이상 측정할 수 있는 성능이 있을 것

⑧ 가압송수장치의 체절운전 시 수온의 상승을 방지하기 위하여 체크밸브와 펌프사이에서 분기한 구경 20 ㎜ 이상의 배관에 체절압력 미만에서 개방되는 릴리프밸브를 설치하여야 한다.

⑨ 동결방지조치를 하거나 동결의 우려가 없는 장소에 설치하여야 한다.

⑩ 가지배관의 배열은 다음 각호의 기준에 따른다.

1. 토너먼트(tournament)방식이 아닐 것
2. 가지배관 사이의 거리는 2.4 m 이상 3.7 m 이하로 할 것. 다만, 천장의 높이가 3.9.1 m 이상 13.7 m 이하인 경우에는 2.4 m 이상 3.1 m 이하로 한다.
3. 교차배관에서 분기되는 지점을 기점으로 한쪽 가지배관에 설치되는 헤드의 개수(반자 아래와 반자속의 헤드를 하나의 가지배관 상에 병설하는 경우에는 반자 아래에 설치하는 헤드의 개수)는 8개 이하로 할 것. 다만, 다음 각목의 1에 해당하는 경우에는 그러하지 아니하다.

가. 기존의 방호구역 안에서 칸막이 등으로 구획하여 1개의 헤드를 증설하는 경우

나. 격자형 배관방식(2 이상의 수평주행배관 사이를 가지배관으로 연결하는 방식을 말한다)을 채택하는 때에는 펌프의 용량, 배관의 구경 등을 수리학적으로 계산한 결과 헤드의 방수압 및 방수량이 소화목적을 달성하는 데 충분하다고 인정되는 경우. 다만, 중앙소방기술심의위원회 또는 지방 소방기술심의위원회의 심의를 거친 경우에 한한다.

4. 가지배관과 화재조기진압용 스프링클러헤드 사이의 배관을 신축배관으로 하는 경우에는 다음 각목의 기준에 적합할 것

가. 최고사용압력은 1.4 ㎫ 이상이어야 하고, 최고사용압력의 1.5배의 수압에 변형·누수 되지 아니할 것

나. 진폭을 5 ㎜, 진동수를 매 초당 25회로 하여 6시간 동안 작동시킨 경우 또는 매초 0.35 ㎫부터 3.5 ㎫까지의 압력변동을 4,000회 실시한 경우에도

변형·누수 되지 아니할 것

다. 신축배관의 설치길이는 스프링클러설비의 화재안전기준 제10조제3항의 거리를 초과하지 아니할 것

⑪ 교차배관의 위치·청소구 및 가지배관의 헤드설치는 다음 각호의 기준에 따른다.

1. 교차배관은 가지배관과 수평으로 설치하거나 또는 가지배관 밑에 설치하고, 그 구경은 제4항제3호의 규정에 따르되, 최소구경이 40 ㎜ 이상이 되도록 할 것
2. 청소구는 교차배관 끝에 40 ㎜ 이상 크기의 개폐밸브를 설치하고, 호스접결이 가능한 나사식 또는 고정배수 배관식으로 할 것. 이 경우 나사식의 개폐밸브는 옥내 소화전 호스접결용의 것으로 하고, 나사보호용의 캡으로 마감하여야 한다.
3. 하향식헤드를 설치하는 경우에 가지배관으로부터 헤드에 이르는 헤드접속배관은 가지관상부에서 분기할 것. 다만, 소화설비용 수원의 수질이 먹는 물 관리법 제5조의 규정에 따라 먹는물의 수질기준에 적합하고 덮개가 있는 저수조로부터 물을 공급 받는 경우에는 가지배관의 측면 또는 하부에서 분기할 수 있다.

⑫ 유수검지장치를 시험할 수 있는 시험장치를 다음 각호의 기준에 따라 설치하여야 한다.

1. 유수검지장치에서 가장 먼 가지배관의 끝으로부터 연결·설치할 것
2. 시험장치 배관의 구경은 유수검지장치에서 가장 먼 가지배관의 구경과 동일한 구경으로 하고, 그 끝에 개방형 헤드를 설치할 것. 이 경우 개방형 헤드는 반사판 및 프레임을 제거한 오리피스만으로 설치할 수 있다.
3. 시험배관의 끝에는 물받이통 및 배수관을 설치하여 시험 중 방사된 물이 바닥에 흘러내리지 아니하도록 할 것. 다만, 목욕실·화장실 또는 그 밖의 곳으로서 배수처리가 쉬운 장소에 시험배관을 설치한 경우에는 그러하지 아니하다.

⑬ 배관에 설치되는 행가는 다음 각호의 기준에 따라 설치하여야 한다.

1. 가지배관에는 헤드의 설치지점 사이마다 1개 이상의 행가를 설치하되, 헤드간의 거리가 3.5 m를 초과하는 경우에는 3.5 m 이내마다 1개 이상 설치할 것. 이경우 상향식헤드와 행가 사이에는 8 ㎝ 이상의 간격을 두어야 한다.
2. 교차배관에는 가지배관과 가지배관 사이마다 1개 이상의 행가를 설치하되, 가지배관 사이의 거리가 4.5 m를 초과하는 경우에는 4.5 m이내마다 1개 이상

설치할것

3. 제1호 내지 제2호의 수평주행배관에는 4.5 m 이내마다 1개 이상 설치할 것

⑭ 수직배수배관의 구경은 50 ㎜ 이상으로 하여야 한다.

⑮ 급수배관에 설치되어 급수를 차단할 수 있는 개폐밸브에는 그 밸브의 개폐상태를 감시제어반에서 확인할 수 있도록 급수개폐밸브 작동표시 스위치를 다음 각호의 기준에 따라 설치하여야 한다.

1. 급수개폐밸브가 잠길 경우 탬퍼스위치의 동작으로 인하여 감시제어반 또는 수신기에 표시 되어야 하며 경보음을 발할 것
2. 탬퍼스위치는 감시제어반 또는 수신기에서 동작의 유무확인과 동작시험, 도통시험을 할 수 있을 것
3. 급수개폐밸브의 작동표시 스위치에 사용되는 전기배선은 내화전선 또는 내열전선으로 설치할 것

⑯ 화재조기진압용 스프링클러설비 배관을 수평으로 하여야 한다. 다만, 배관의 구조상 소화수가 남아 있는 곳에는 배수밸브를 설치할 수 있다.

⑰ 배관은 다른 설비의 배관과 쉽게 구분이 될 수 있는 위치에 설치하거나 그 배관표면 또는 배관 보온재표면의 색상을 달리하는 방법 등으로 소방용설비의 배관임을 표시하여야 한다.〈개정 2008.12.15〉

⑱ 분기배관을 사용할 경우에는 한국소방산업기술원 또는 법제42조제1항의 규정에 따라 성능시험기관으로 지정받은 기관에서 그 성능을 검증받은 것으로 설치하여야 한다.

제9조(음향장치 및 기동장치) ① 화재조기진압용 스프링클러설비의 음향장치 및 기동장치는 다음 각호의 기준에 따라 설치하여야 한다.

1. 유수검지장치를 사용하는 설비에 있어서는 헤드가 개방되면 유수검지장치가 화재 신호를 발신하고 그에 따라 음향장치가 경보되도록 할 것
2. 음향장치는 유수검지장치의 담당구역마다 설치하되 그 구역의 각 부분으로부터 하나의 음향장치까지의 수평거리는 25m 이하가 되도록 할 것

3. 음향장치는 경종 또는 사이렌(전자식 사이렌을 포함한다)으로 하되, 주위의 소음 및 다른 용도의 경보와 구별이 가능한 음색으로 할 것. 이 경우 경종 또는 사이렌은 자동화재탐지설비·비상벨설비 또는 자동식사이렌설비의 음향장치와 겸용할 수 있다.
4. 주음향장치는 수신기의 내부 또는 그 직근에 설치할 것.
5. 5층(지하층을 제외한다) 이상으로서 연면적이 3,000 ㎡를 초과하는 소방대상물 또는 그 부분에 있어서는 2층 이상의 층에서 발화한 때에는 발화층 및 그 직상층에 한하여, 1층에서 발화한 때에는 발화층·그 직상층 및 지하층에 한하여, 지하층에서 발화한 때에는 발화층·그 직상층 및 기타의 지하층에 한하여 경보를 발할 수 있도록 할 것
6. 음향장치는 다음 각목의 기준에 따른 구조 및 성능의 것으로 할 것
   가. 정격전압의 80% 전압에서 음향을 발할 수 있는 것으로 할 것
   나. 음량은 부착된 음향장치의 중심으로부터 1 m 떨어진 위치에서 90폰 이상이 되는 것으로 할 것

② 화재조기진압용 스프링클러설비의 가압송수장치로서 펌프가 설치되는 경우에는 그 펌프의 작동은 유수검지장치의 발신이나 기동용수압개폐장치에 따라 작동되거나 또는 이 두 가지의 혼용에 따라 작동될 수 있도록 하여야 한다.

제10조(헤드) 화재조기진압용 스프링클러설비의 헤드는 다음 각호에 적합하여야 한다.

1. 헤드 하나의 방호면적은 6.0 ㎡ 이상 9.3 ㎡ 이하로 할 것
2. 가지배관의 헤드 사이의 거리는 천장의 높이가 9.1 m 미만인 경우에는 2.4 m 이상 3.7 m 이하로, 9.1 m 이상 13.7 m 이하인 경우에는 3.1 m 이하으로 할 것
3. 헤드의 반사판은 천장 또는 반자와 평행하게 설치하고 저장물의 최상부와 914 ㎜ 이상 확보되도록 할 것
4. 하향식 헤드의 반사판의 위치는 천장이나 반자 아래 125 ㎜ 이상 355 ㎜ 이하일 것
5. 상향식 헤드의 감지부 중앙은 천장 또는 반자와 101 ㎜ 이상 152 ㎜ 이하이어야 하며, 반사판의 위치는 스프링클러배관의 윗부분에서 최소 178 ㎜ 상부에 설치되도록 할 것

6. 헤드와 벽과의 거리는 헤드 상호간 거리의 2분의 1을 초과하지 않아야 하며 최소102 ㎜ 이상일 것
7. 헤드의 작동온도는 74℃ 이하일 것. 다만, 헤드 주위의 온도가 38℃ 이상의 경우에는 그 온도에서의 화재시험 등에서 헤드작동에 관하여 공인기관의 시험을 거친것을 사용할 것
8. 헤드의 살수분포에 장애를 주는 장애물이 있는 경우에는 다음 각목의 1에 적합할 것
   가. 천장 또는 천장근처에 있는 장애물과 반사판의 위치는 별도 1 또는 별도 2와 같이 하며, 천장 또는 천장근처에 보·덕트·기둥·난방기구·조명기구·전선관 및 배관 등의 기타 장애물이 있는 경우에는 장애물과 헤드 사이의 수평거리에 따른 장애물의 하단과 그 보다 윗부분에 설치되는 헤드 반사판 사이의 수직거리는 별표 1 또는 별도 3에 따를 것.
   나. 헤드 아래에 덕트·전선관·난방용배관 등이 설치되어 헤드의 살수를 방해하는 경우에는 별표 1 또는 별도 3에 따를 것. 다만, 2개 이상의 헤드의 살수를 방해하는 경우에는 별표 2를 참고로 한다.
9. 상부에 설치된 헤드의 방출수에 따라 감열부에 영향을 받을 우려가 있는 헤드에는 방출수를 차단할 수 있는 유효한 차폐판을 설치할 것

제11조(저장물의 간격) 저장물품 사이의 간격은 모든 방향에서 152 mm 이상의 간격을 유지하여야 한다.

제12조(환기구) 화재조기진압용 스프링클러설비의 환기구는 다음 각 호에 적합하여야한다.

1. 공기의 유동으로 인하여 헤드의 작동온도에 영향을 주지 않는 구조일 것
2. 화재감지기와 연동하여 동작하는 자동식 환기장치를 설치하지 아니할 것. 다만, 자동식 환기장치를 설치할 경우에는 최소작동온도가 180℃ 이상일 것

제13조(송수구) 화재조기진압용 스프링클러설비에는 소방차로부터 그 설비에 송수

할 수 있는 송수구를 다음 각호의 기준에 따라 설치하여야 한다.

1. 송수구는 화재층으로부터 지면으로 떨어지는 유리창 등이 송수 및 그 밖의 소화작업에 지장을 주지 아니하는 장소에 설치할 것
2. 송수구로부터 주배관에 이르는 연결배관에 개폐밸브를 설치한 때에는 그 개폐상태를 쉽게 확인 및 조작할 수 있는 옥외 또는 기계실 등의 장소에 설치할 것
3. 구경 65 ㎜의 쌍구형으로 할 것
4. 송수구에는 그 가까운 곳의 보기 쉬운 곳에 송수압력범위를 표시한 표지를 할 것
5. 송수구는 하나의 층의 바닥면적이 3,000 ㎡를 넘을 때마다 1개(5개를 넘을 경우에는 5개로 한다) 이상을 설치할 것
6. 지면으로부터 높이가 0.5 m 이상 1 m 이하의 위치에 설치할 것
7. 송수구의 가까운 부분에 자동배수밸브(또는 직경 5 ㎜의 배수공) 및 체크밸브를 설치할 것. 이 경우 자동배수밸브는 배관안의 물이 잘 빠질 수 있는 위치에 설치하되, 배수로 인하여 다른 물건 또는 장소에 피해를 주지 아니하여야 한다.
8. 송수구에는 이물질을 막기 위한 마개를 씌어야 한다.〈신설 2008.12.15〉

제14조(전원) ① 화재조기진압용 스프링클러설비에는 다음 각호의 기준에 따른 상용전원 회로의 배선을 설치하여야 한다. 다만, 가압수조방식으로서 모든 기능이 20분 이상 유효하게 지속될 수 있는 경우에는 그러하지 아니하다.

〈개정 2008.12.15〉

1. 저압수전인 경우에는 인입개폐기의 직후에서 분기하여 전용배선으로 하여야 하며, 전용의 전선관에 보호 되도록 할 것
2. 특별고압수전 또는 고압수전일 경우에는 전력용 변압기 2차측의 주차단기 1차측에서 분기하여 전용배선으로 하되, 상용전원의 상시공급에 지장이 없을 경우에는 주차단기 2차측에서 분기하여 전용배선으로 할 것. 다만, 가압송수장치의 정격입력전압이 수전전압과 같은 경우에는 제1호의 기준에 따른다.

② 화재조기진압용 스프링클러설비에는 자가발전설비 또는 축전지설비에 따른 비상전원을 설치하여야 한다. 다만, 2 이상의 변전소(전기사업법 제67조의 규정에 따

른 변전소를 말한다. 이하 같다)에서 전력을 동시에 공급받을 수 있거나 하나의 변전소로부터 전력의 공급이 중단되는 때에는 자동으로 다른 변전소로부터 전력을 공급받을 수 있도록 상용전원을 설치한 경우와 가압수조방식에는 비상전원을 설치하지 아니할 수 있다.〈개정 2008.12.15〉

③ 제2항의 규정에 따라 비상전원 중 자가발전설비 또는 축전지설비(내연기관에 따른 펌프를 설치한 경우에는 내연기관의 기동 및 제어용축전지를 말한다)는 다음 각 호의 기준에 따라 설치하여야 한다.

1. 점검에 편리하고 화재 및 침수 등의 재해로 인한 피해를 받을 우려가 없는 곳에 설치할 것
2. 화재조기진압용 스프링클러설비를 유효하게 20분 이상 작동할 수 있어야 할 것
3. 상용전원으로부터 전력의 공급이 중단된 때에는 자동으로 비상전원으로부터 전력을 공급받을 수 있도록 할 것
4. 비상전원(내연기관의 기동 및 제어용 축전기를 제외한다)의 설치장소는 다른 장소와 방화구획 할 것. 이 경우 그 장소에는 비상전원의 공급에 필요한 기구나 설비 외의 것(열병합발전설비에 필요한 기구나 설비는 제외한다)을 두어서는 아니된다. 〈개정 2008.12.15〉
5. 비상전원을 실내에 설치하는 때에는 그 실내에 비상조명등을 설치할 것

제15조(제어반) ① 화재조기진압용 스프링클러설비에는 제어반을 설치하되, 감시제어반과 동력제어반으로 구분하여 설치하여야 한다. 다만, 다음 각호의 1에 해당하는경우에는 감시제어반과 동력제어반으로 구분하여 설치하지 아니할 수 있다.

1. 다음 각목의 1에 해당하지 아니하는 소방대상물에 설치되는 화재조기진압용 스프링클러설비
   가. 지하층을 제외한 층수가 7층 이상으로서 연면적이 2,000 ㎡ 이상인 것
   나. 제1호에 해당하지 아니하는 소방대상물로서 지하층의 바닥면적의 합계가 3,000 ㎡ 이상인 것. 다만, 차고·주차장 또는 보일러실·기계실·전기실 등 이와 유사한 장소의 면적은 제외한다.
2. 내연기관에 따른 가압송수장치를 사용하는 화재조기진압용 스프링클러설비

3. 고가수조에 따른 가압송수장치를 사용하는 화재조기진압용 스프링클러설비
4. 가압수조에 따른 가압송수장치를 사용하는 화재조기진압용 스프링클러설비
   〈신설 2008.12.15〉

② 감시제어반의 기능은 다음 각호의 기준에 적합하여야 한다. 다만, 제1항 각호의 1에 해당하는 경우에는 제3호 및 제5호의 규정을 적용하지 아니한다.

1. 각 펌프의 작동여부를 확인할 수 있는 표시등 및 음향경보기능이 있어야 할 것
2. 각 펌프를 자동 및 수동으로 작동시키거나 중단시킬 수 있어야 한다.
   〈개정 2008.12.15〉
3. 비상전원을 설치한 경우에는 상용전원 및 비상전원의 공급여부를 확인할 수 있어야 할 것〈개정 2008.12.15〉
4. 수조 또는 물올림탱크가 저수위로 될 때 표시등 및 음향으로 경보할 것
5. 예비전원이 확보되고 예비전원의 적합여부를 시험할 수 있어야 할 것

③ 감시제어반은 다음 각호의 기준에 따라 설치하여야 한다.

1. 화재 및 침수 등의 재해로 인한 피해를 받을 우려가 없는 곳에 설치할 것
2. 감시제어반은 스프링클러설비의 전용으로 할 것. 다만, 스프링클러설비의 제어에 지장이 없는 경우에는 다른 설비와 겸용할 수 있다.
3. 감시제어반은 다음 각목의 기준에 따른 전용실안에 설치할 것. 다만 제1항 각호의 1에 해당하는 경우와 공장, 발전소 등에서 설비를 집중 제어·운전할 목적으로 설치하는 중앙제어실내에 감시제어반을 설치하는 경우에는 그러하지 아니하다.

   가. 다른 부분과 방화구획을 할 것. 이 경우 전용실의 벽에는 기계실 또는 전기실 등의 감시를 위하여 두께 7 ㎜ 이상의 망입유리(두께 16.3 ㎜ 이상의 접합유리 또는 두께 28 ㎜ 이상의 복층유리를 포함한다)로 된 4 ㎡ 미만의 붙박이창을 설치할 수 있다.

   나. 피난층 또는 지하 1층에 설치할 것. 다만, 건축법시행령 제35조의 규정에 따라 특별피난계단이 설치되고 그 계단(부속실을 포함한다)출입구로부터 보행거리5 m이내에 전용실의 출입구가 있는 경우에는 지상 2층에 설치하거나

지하 1층 외의 지하층에 설치할 수 있다.

다. 비상조명등 및 급·배기설비를 설치할 것

라. 무선통신보조설비의 화재안전기준(NFSC 505) 제6조의 규정에 따른 무선기기접속단자(영 별표 4 소화활동설비의 소방시설 적용기준 란 제5호의 규정에 따른 무선통신보조설비가 설치된 특정소방대상물에 한한다)를 설치할 것

마. 바닥면적은 감시제어반의 설치에 필요한 면적 외에 화재 시 소방대원이 그 감시제어반의 조작에 필요한 최소면적 이상으로 할 것

4. 제3호의 규정에 따른 전용실에는 소방대상물의 기계·기구 또는 시설 등의 제어 및 감시설비외의 것을 두지 아니할 것
5. 각 유수검지장치의 작동여부를 확인할 수 있는 표시 및 경보기능이 있도록 할 것
6. 다음의 각 확인회로마다 도통시험 및 작동시험을 할 수 있도록 할 것

가. 기동용수압개폐장치의 압력스위치회로

나. 수조 또는 물올림탱크의 저수위감시회로

다. 유수검지장치 또는 압력스위치회로

라. 제8조제15항의 규정에 따른 개폐밸브의 폐쇄상태 확인회로

마. 그 밖의 이와 비슷한 회로

7. 감시제어반과 자동화재탐지설비의 수신기를 별도의 장소에 설치하는 경우에는 이들 상호간에 동시 통화가 가능하도록 할 것

④ 동력제어반은 다음 각호의 기준에 따라 설치하여야 한다.

1. 앞면은 적색으로 하고 "화재조기진압용 스프링클러설비용 동력제어반"이라고 표시한 표지를 설치할 것
2. 외함은 두께 1.5 ㎜ 이상의 강판 또는 이와 동등 이상의 강도 및 내열성능이 있는 것으로 할 것
3. 그 밖의 동력제어반의 설치에 관하여는 제3항제1호 및 제2호의 기준을 준용할 것

제16조(배선 등) ① 화재조기진압용 스프링클러설비 배선은 전기사업법 제67조의 규정에 따른 기술기준에서 정한 것 외에 다음 각호의 기준에 따라 설치하여야 한다.

1. 비상전원으로부터 동력제어반 및 가압송수장치에 이르는 전원회로배선은 내화배선으로 할 것. 다만, 자가발전설비와 동력제어반이 동일한 실에 설치된 경우에는 자가발전기로부터 그 제어반에 이르는 전원회로 배선은 그러하지 아니하다.
2. 상용전원으로부터 동력제어반에 이르는 배선, 그 밖의 스프링클러설비의 감시·조작 또는 표시등회로의 배선은 내화배선 또는 내열배선으로 할 것. 다만, 감시제어반 또 는 동력제어반 안의 감시·조작 또는 표시등회로의 배선은 그러하지 아니하다.

② 제1항의 규정에 따른 내화배선 및 내열배선에 사용되는 전선 및 설치방법은 옥내소화전설비의 화재안전기준(NFSC 102)의 별표 1의 기준에 따른다.

③ 화재조기진압용 스프링클러설비의 과전류차단기 및 개폐기에는 "화재조기진압용 스프링클러설비용"이라고 표시한 표지를 하여야 한다.

④ 화재조기진압용 스프링클러설비용 전기배선의 양단 및 접속단자에는 다음 각호의 기준에 따라 표지하여야 한다.

1. 단자에는 "화재조기진압용 스프링클러설비단자"라고 표시한 표지를 부착할 것
2. 화재조기진압용 스프링클러설비용 전기배선의 양단에는 다른 배선과 식별이 용이하도록 표시할 것

제17조(설치제외) 다음 각호에 해당하는 물품의 경우에는 화재조기진압용 스프링클러를 설치하여서는 아니 된다. 다만, 물품에 대한 화재시험등 공인기관의 시험을 받은 것은 제외한다.

1. 제4류 위험물
2. 타이어, 두루마리 종이 및 섬유류, 섬유제품 등 연소 시 화염의 속도가 빠르고 방사된 물이 하부까지에 도달하지 못하는 것

제18조(수원 및 가압송수장치의 펌프 등의 겸용) ① 화재조기진압용 스프링클러설비의 수원을 옥내소화전설비·스프링클러설비·간이스프링클러설비·물분무소화설비·포 소화전 설비 및 옥외소화전설비의 수원과 겸용하여 설치하는 경우의 저수량은 각 소화설비에 필요한 저수량을 합한 양 이상이 되도록 하여야 한다. 다만, 이들

소화설비중 고정식 소화설비(펌프·배관과 소화수 또는 소화약제를 최종 방출 하는 방출구가 고정된 설비를 말한다. 이하 같다)가 2 이상 설치되어 있고, 그 소화설비가설치된 부분이 방화벽과 방화문으로 구획되어 있는 경우에는 각 고정식 소화설비에 필요한 저수량 중 최대의 것 이상으로 할 수 있다.

② 화재조기진압용 스프링클러설비의 가압송수장치로 사용하는 펌프를 옥내소화전설비·스프링클러설비·간이스프링클러설비·물분무소화설비·포소화설비 및 옥외소화전설비의 가압송수장치와 겸용하여 설치하는 경우의 펌프의 토출량은 각 소화설비에 해당하는 토출량을 합한 양 이상이 되도록 하여야 한다. 다만, 이들 소화설비 중 고정식 소화설비가 2 이상 설치되어 있고, 그 소화설비가 설치된 부분이 방화벽과 방화문으로 구획되어 있으며 각 소화설비에 지장이 없는 경우에는 펌프의 토출량 중 최대의 것 이상으로 할 수 있다.

③ 옥내소화전설비· 스프링클러설비· 간이스프링클러설비·화재조기진압용 스프링클러설비· 물분무소화설비·포소화설비 및 옥외소화전설비의 가압송수장치에 있어서 각 토출측 배관과 일반급수용의 가압송수장치의 토출측 배관을 상호 연결하여 화재시사용 할 수 있다. 이 경우 연결배관에는 개폐표시형 밸브를 설치하여야 하며, 각소화설비의성능에 지장이 없도록 하여야 한다.

④ 화재조기진압용 스프링클러설비의 송수구를 옥내소화전설비·스프링클러설비·간이스프링클러설비·물분무소화설비·포소화설비·연결송수관설비 또는 연결살수설비의 송수구와 겸용으로 설치하는 경우에는 스프링클러설비의 송수구의 설치기준에 따르되각각의 소화설비의 기능에 지장이 없도록 하여야 한다.

제19조(설치·유지기준의 특례) 소방본부장 또는 소방서장은 기존건축물이 증축·개축·수선되거나 용도변경 되는 경우에 있어서 이 기준이 정하는 기준에 따라 당해 건축물에 설치하여야 할 화재조기진압용 스프링클러설비의 배관·배선 등의 공사가 현저하게 곤란하다고 인정되는 경우에는 당해 설비의 기능 및 사용에 지장이 없는 범위 안에서 화재조기진압용 스프링클러설비의 설치·유지기준의 일부를 적용하지 아니할 수있다.

제20조(재검토기한) 「훈령 · 예규 등의 발령 및 관리에 관한 규정」(대통령훈령 제

248 호)에 따라 이 고시 발령 후의 법령이나 현실여건의 변화 등을 검토하여 이 고시의 폐지, 개정 등의 조치를 하여야 하는 기한은 2012년 8월 23일까지로 한다.

부 칙(2004. 6. 4)

제1조(시행일) 이 기준은 고시한 날부터 시행한다.

제2조(경과조치) 이 고시 시행당시 종전의 소방기술기준에관한규칙에 적합하게 설치되어 있거나 건축허가등의 동의 또는 소방시설 시공신고가 완료된 소방대상물에 대하여는 종전의 기준에 따른다.

제3조(다른 법령과의 관계) 이 고시 시행 당시 다른 법령에서 종전의 소방기술기준에관한규칙을 인용한 경우에 이 고시 가운데 그에 해당하는 규정이 있는 경우에는 종전의규정에 갈음하여 이 고시의 해당 규정을 인용한 것으로 본다.

제4조(다른 고시의 폐지) 이 고시 시행과 동시에 "화재조기진압용 스프링클러설비에관한기술기준"[행정자치부고시 제1997-41호(1997.5.10)]을 폐지한다.

부 칙(2006. 12. 30.)

이 고시는 고시한 날부터 시행한다.

부 칙(2007. 4. 12.)

이 기준은 고시한 날부터 시행한다.

부 칙(2008. 12. 15.)

(시행일) 이 기준은 고시한 날부터 시행한다. 다만, 제6조제4항·제14조제1항 단서 및 제15조제1항제4호의 가압수조방식의 경우에는 성능시험품목고시 및 성능시험기준 공고 후 시행한다.

부 칙(2009. 8. 24.)

이 기준은 고시한 날부터 시행한다.

부 칙(2009. 10. 22.)

이 기준은 고시한 날부터 시행한다.

[별표 1]

보 또는 기타 장애물 아래에 헤드가 설치된 경우의 반사판 위치
(제10조제8호관련)

장애물과 헤드사이의 수평거리	장애물의 하단과 헤드의 반사판 사이의 수직거리	장애물과 헤드사이의 수평거리	장애물의 하단과 헤드의 반사판 사이의 수직거리
0.3 m 미만	0 ㎜	1.1 m 이상 - 1.2 m 미만	300 ㎜
0.3 m 이상 - 0.5 m 미만	40 ㎜	1.2 m 이상 - 1.4 m 미만	380 ㎜
0.5 m 이상 - 0.7 m 미만	75 ㎜	1.4 m 이상 - 1.5 m 미만	460 ㎜
0.7 m 이상 - 0.8 m 미만	140 ㎜	1.5 m 이상 - 1.7 m 미만	560 ㎜
0.8 m 이상 - 0.9 m 미만	200 ㎜	1.7 m 이상 - 1.8 m 미만	660 ㎜
1.0 m 이상 - 1.1 m 미만	250 ㎜	1.8 m 이상	790 ㎜

[별표 2]

저장물 위에 장애물이 있는 경우의 헤드설치 기준
(제10조제8호관련)

장애물의 류(폭)		조 건
돌출장애물	0.6 m 이하	1. 별표 1 또는 별도 2에 적합하거나 2. 장애물의 끝부근에서 헤드 반사판까지의 수평 거리가 0.3 m 이하로 설치할 것
	0.6 m 초과	별표 1 또는 별도 3에 적합할 것
연속장애물	5 ㎝ 이하	1. 별표 1 또는 별도 3에 적합하거나 2. 장애물이 헤드 반사판 아래 0.6 m 이하로 설치 된 경우는 허용한다.
	5 ㎝ 초과~ 0.3 m 이하	1. 별표 1 또는 별도 3에 적합하거나 2. 장애물의 끝부근에서 헤드 반사판까지의 수평 거리가 0.3 m 이하로 설치할 것
	0.3 m 초과- 0.6 m 이하	1. 별표 1 또는 별도 3에 적합하거나 2. 장애물이 끝부근에서 헤드 반사판까지의 수평 거리가 0.6 m 이하로 설치할 것
	0.6 m 초과	1. 별표 1 또는 별도 3에 적합하거나 2. 장애물이 평편하고 견고하며 수평적인 경우에 는 저장물의 최상단과 헤드반사판의 간격이 0.9 m 이하로 설치할 것 3. 장애물이 평편하지 않거나 비연속적인 경우에는 저장물 아래에 평편한 판을 설치한 후 헤드를 설치할 것

[별표 3]

화재조기진압용 스프링클러헤드의 최소방사압력(MPa)
(제5조제1항 관련)

최대층고	최대저장높이	화재조기진압용 스프링클러헤드				
		K = 360 하향식	K = 320 하향식	K = 240 하향식	K= 240 상향식	K = 200 하향식
13.7 m	12.2 m	0.28	0.28	-	-	-
13.7 m	10.7 m	0.28	0.28	-	-	-
12.2 m	10.7 m	0.17	0.28	0.36	0.36	0.52
10.7 m	9.1 m	0.14	0.24	0.36	0.36	0.52
9.1 m	7.6 m	0.10	0.17	0.24	0.24	0.34

[별도 1]

보 또는 기타 장애물 위에 헤드가 설치된 경우의 반사판 위치
(별도 3 또는 별표 1을 함께 사용할 것)

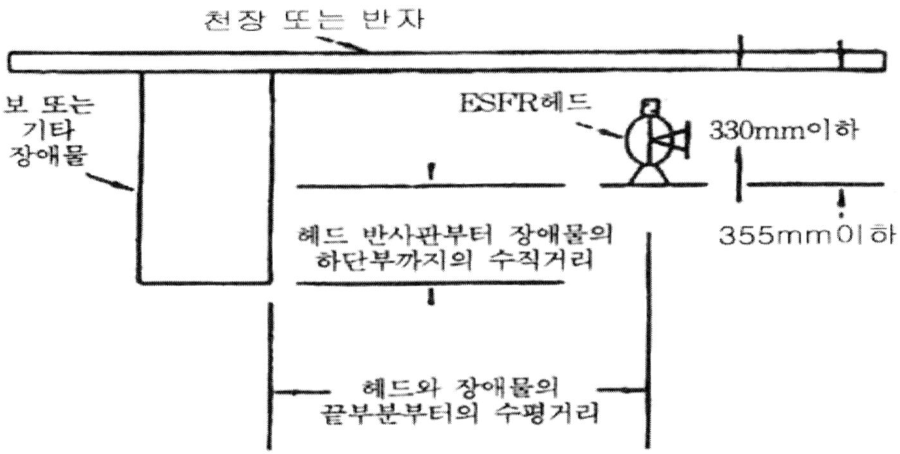

[별도 2]

장애물이 헤드 아래에 연속적으로 설치된 경우의 반사판 위치
(별도 3 또는 별표 1을 함께 사용할 것)

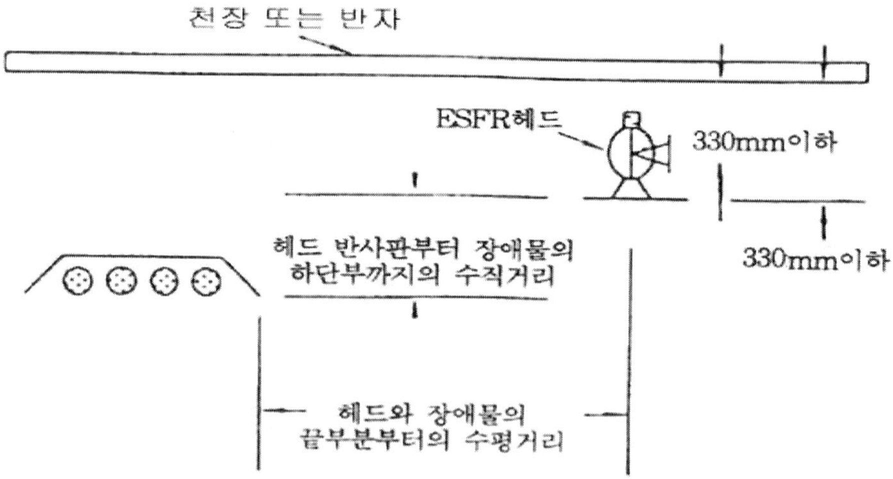

[별도 3]

장애물 아래에 설치되는 헤드 반사판의 위치

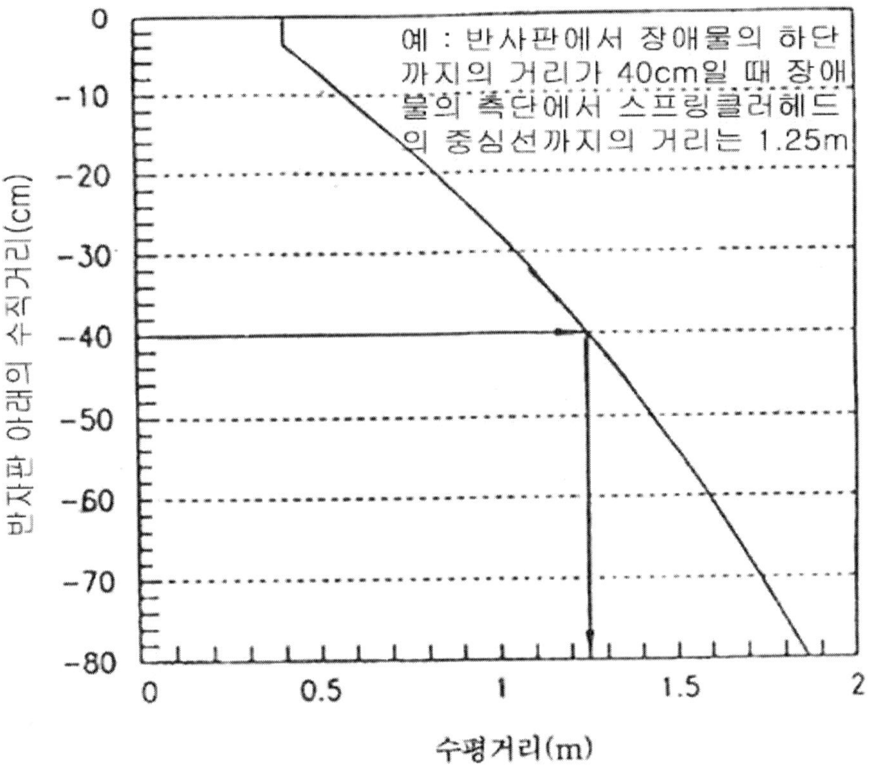

4.4

스프링클러설비의 화재안전기준(NFSC 103)해설서

1. 수직 배수배관의 설치

수직 배수배관은 스프링클러 설비의 작동 및 유지관리를 위한 것으로서 구경 50㎜ 이상의 배관으로 설치토록 하고 있으며 스프링클러설비의 수직배관의 구경이 50㎜ 미만인 경우 (예: 패들형유수검지장치를 설치하는 경우)의 배수배관은 수직배관 보다 크게 할 필요가 없으므로 수직배관과 동일한 구경으로 할 수 있도록 하고 있다.

NFPA 13에서 의 배수관구경은 다음과 같다.

주관의 관경	배수관의 관경
50 mm이하	20 mm이상
65 mm, 80 mm, 90 mm	32 mm이상
100 mm이상	50 mm이상

⑮ 주차장의 스프링클러설비는 습식외의 방식으로 하여야 한다. 다만, 다음 각호 1에 해당하는 경우에는 그러하지 아니하다.〈개정 2008.12.15〉

1. 동절기에 상시 난방이 되는 곳이거나 그 밖에 동결의 염려가 없는 곳
2. 스프링클러설비의 동결을 방지할 수 있는 구조 또는 장치가 된 것

해설

1. 주차장에 사용되는 스프링클러설비 방식

주차장의 경우에는 대부분 난방을 하지 않으므로, 겨울철에 동결의 우려가 발생하기 때문에 습식스프링클러설비의 사용을 제한하고 있다. 그러나 외기와 차단되어 있고, 외기의 유입이 있더라도

가. 동절기에 상시 난방이 되거나

나. 단열이 잘되어 동결의 염려가 없거나, 저층부의 지하층으로서 동결의 염려가 없는 경우,

다. 동결을 방지할 수 있는 장치(예, 배관보온, 배관열선보온, 배관부식의 염려가 없는 부동액주입 등)나 구조로 된 경우로서, 동파의 염려가 없는 경우에는 습식스프링클러설비를 설치할 수 있도록 한다.

⑯ 급수배관에 설치되어 급수를 차단할 수 있는 개폐밸브에는 그 밸브의 개폐 상태를 감시 제어반에서 확인할 수 있도록 급수개폐밸브 작동표시 스위치를 다음 각호의 기준에 따라 설 치하여야 한다.

1. 급수개폐밸브가 잠길 경우 탬퍼 스위치의 동작으로 인하여 감시제어반 또는 수신기에 표시되어야 하며 경보음을 발할 것
2. 탬퍼 스위치는 감시제어반 또는 수신기에서 동작의 유무확인과 동작시험, 도통시험을 할 수 있을 것
3. 급수 개폐밸브의 작동표시 스위치에 사용되는 전기배선은 내화전선 또는 내열전선으로 설치할 것

해설

(제8조③항 해설 참조)

1. 급수(개폐밸브의 감시)

스프링클러설비가 완벽하게 설치되어 있는 경우에도 급수배관 상에 설치된 개폐밸브가 폐쇄되어 있다면 소화용수를 공급할 수 없게 되어 설치된 스프링클러설비는 아무런 역할을 수행할 수 없게 된다. 따라서 스프링클러설비의 급수배관에 설치하는 개폐밸브는 개방상태를 항상 감시할 필요가 있다.

2. 급수개폐밸브 작동표시 스위치

일명 탬퍼스위치(Tamper switch)라고 하며 개폐밸브의 감시를 위하여 급수배관용 개폐표시형밸브에 설치하는 스위치로서 개폐밸브가 폐쇄된 경우 감시제어반 또는 수신기에 신호를 보내어 밸브의 상태를 표시할 수 있도록 하는 스위치로 감시제어반 또는 수신기에서 동작의 유무 확인과 동작시험, 도통시험을 할 수 있는 구조이다.

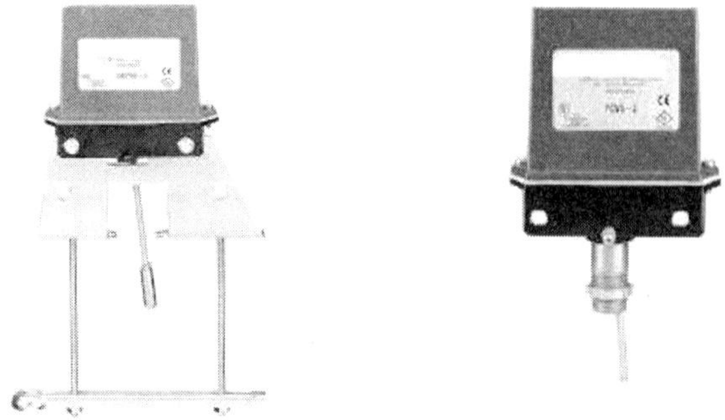

(탬퍼스위치)

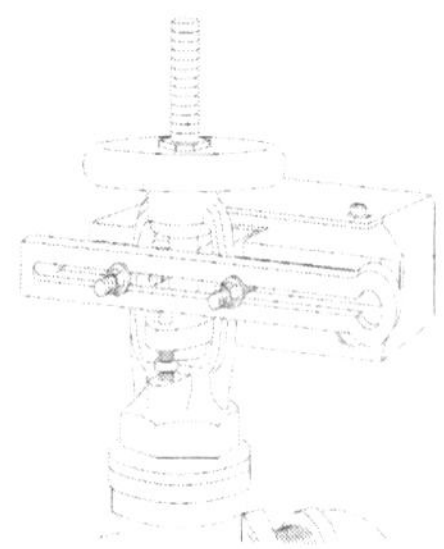

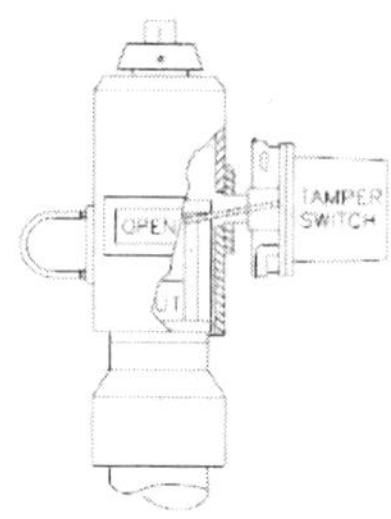

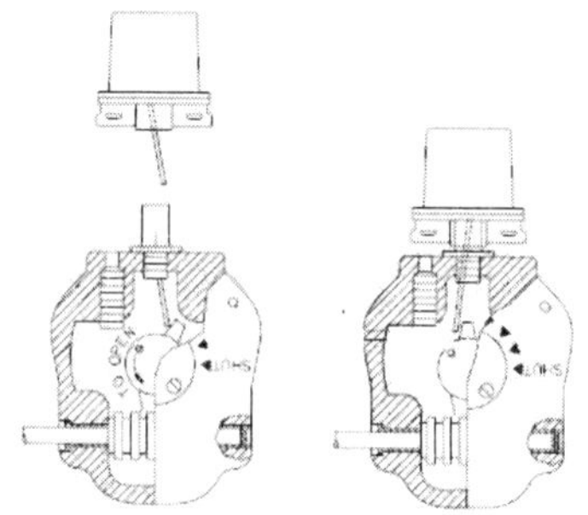

VALVE PARTLALLY CLOSED VALVE OPEN

(OS & Y Gate Valve) (Post Indictor Valve) (Butterfly Valve)

[탬퍼스위치의 설치 예]

3. 전기배선

탬퍼스위치의 전선의 단락·작동 등의 유무를 확인할 수 있도록 수신기에서 도통시험이 가능하여야 하며 전기배선은 내열전선, 내화전선으로 성능시험기술기준에 의거 제품승인 및 제품시험을 받은 제품을 사용하여야 한다.

⑰ 스프링클러설비 배관의 배수를 위한 기울기는 다음 각호의 기준에 따른다.

1. 습식스프링클러설비의 배관을 수평으로 할 것. 다만, 배관의 구조상 소화수가 남아 있는 곳에는 배수밸브를 설치하여야 한다.
2. 습식스프링클러설비외의 설비에는 헤드를 향하여 상향으로 수평주행배관의 기울기를 500분의 1 이상, 가지배관의 기울기를 250분의 1 이상으로 할 것. 다만, 배관의 구조상 기울기를 줄 수 없는 경우에는 배수를 원활하게 할 수 있도록 배수밸브를 설치하여야 한다.

해설

1. 배수 밸브의 설치 예

기울기는 배수를 용이하게 하기 위한 조치이나 구조상 기울기를 줄수 없는 경우에는 배수밸브를 설치한다.

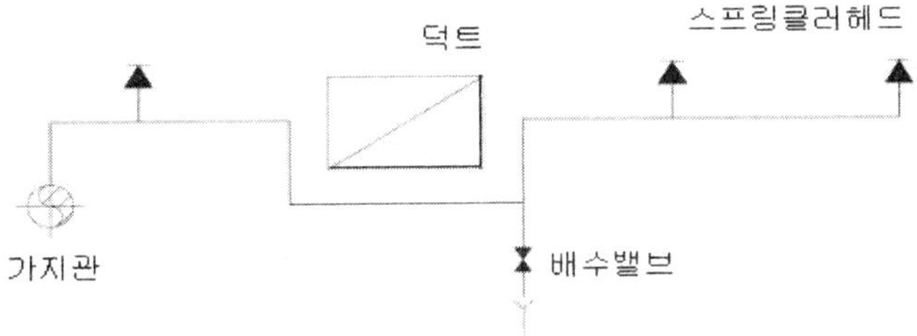

2. 배관의 배수를 위한 기울기 예

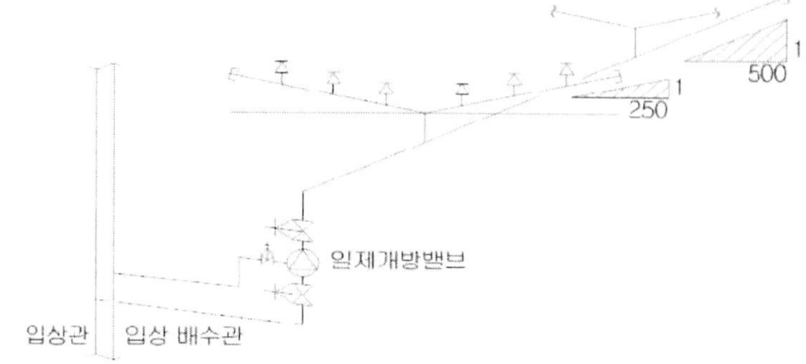

⑱ 배관은 다른 설비의 배관과 쉽게 구분이 될 수 있는 위치에 설치하거나, 그 배관표면 또는 배관 보온재표면의 색상은 적색으로 소방용설비의 배관임을 표시하여야 한다.〈개정 2008.12.15〉

해설

1. 배관의 구분

소방용으로 사용되는 배관은 배관표면 또는 배관보온재 표면의 색상을 적색으로 하거나 소방용설비 배관임을 표시한다.

[배관의 도색- 적색 예]

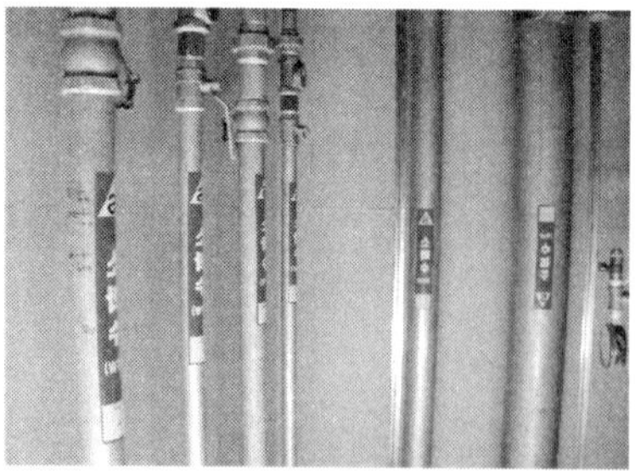

[소방시설배관의 표지 예]

⑲ 분기배관을 사용할 경우에는 한국소방산업기술원 또는 법 제42조제1항 의 규정에 따라 성능 시험기관으로 지정받은 기관에서 그 성능을 검증받은 것으로 설치하여야 한다.

해설

1. 분기배관 설치

분기배관이라 함은 배관의 측면에 조그만 구멍을 뚫고 인발 등의 소성가공으로 확관 시켜 배관이음자리를 만들어 놓은 배관을 말하며 소화설비에 사용되는 배관자재 중 배관이음쇠로 사용하기 위하여 배관을 확관 또는 인발 등의 가공으로 만든 분기배관에 대하여 적용한다. 급수배관에 분기배관을 설치하는 경우에는 그 성능을 검증받은 것으로 설치하여야 한다.

가. 용접식

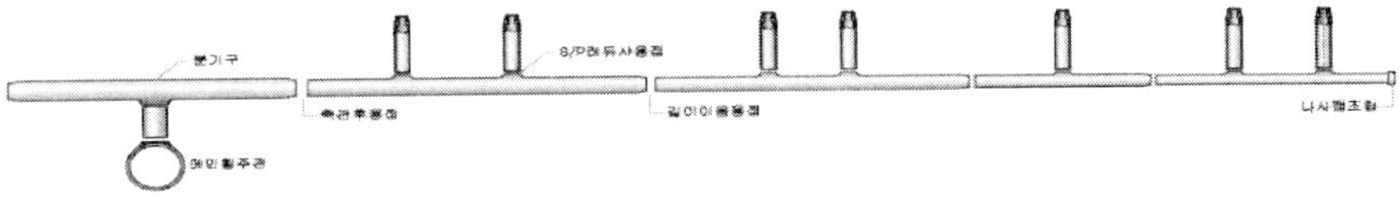

나. 나사식

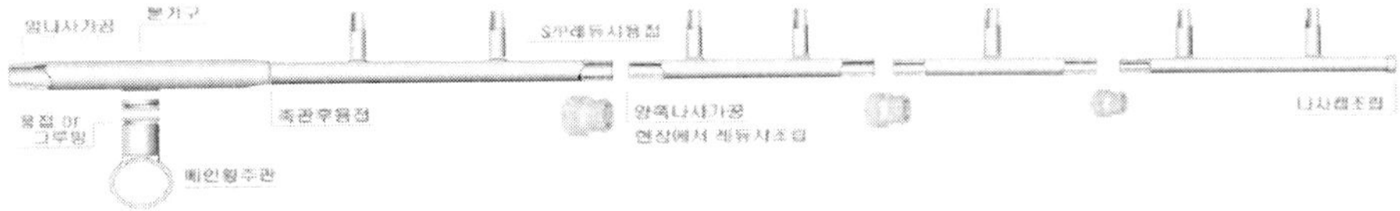

다. 홈내기접합(Grooved)식

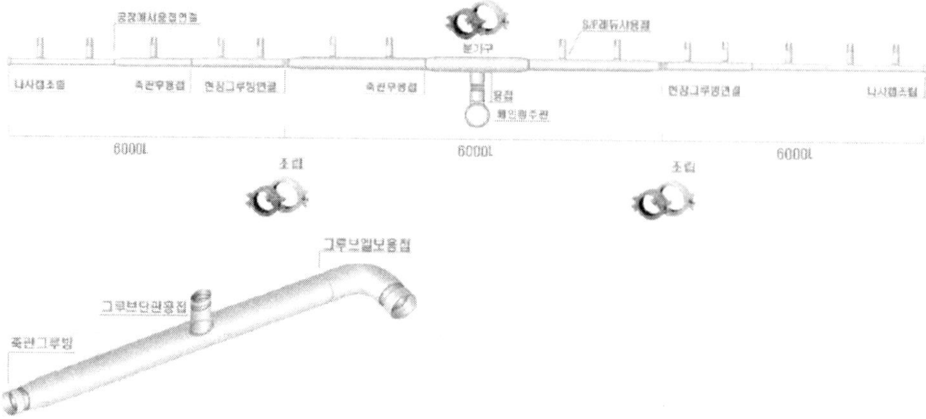

〔분기배관의 연결방법〕

2. 분기배관 표시사항

다음 사항을 제품본체, 포장 또는 취급설명서 등의 보기 쉬운 부분에 잘 지워지지 아니하도록 표시하여야 한다. 다만, 제6호 및 제7호의 경우에는 제품본체에 표시하지 아니할 수 있다.

1) 인정번호 및 모델명
2) 제조자 또는 상호
3) 제품의 형식(치수, 호칭 등)
4) 제조년도, 제조번호 또는 로트번호
5) 등가길이, 스케줄번호, 배관재질
6) 설치방법(분기부위의 용접 이음부를 베벨엔드로 가공하지 아니한 경우에는 반드시 “그루브 모양을 KS B 0511(반자동 아크 용접 작업 표준)의 V모양이 되도록 가공한 후 용접이음 할 것” 등의 내용을 포함시킬 것)
7) 품질보증내용 및 취급 시 주의사항 등

3. 제품성능기준

「소방시설 설치유지 및 안전관리에 관한 법률」 제39조 및 『분기배관의 인정기준(소방방재청고시 제 2009-31호(2009. 8. 24))』에 적합한 제품을 사용하여야 한다.

① 스프링클러설비의 음향장치 및 기동장치는 다음 각호의 기준에 따라 설치하여야 한다.

1. 습식유수검지장치 또는 건식유수검지장치를 사용하는 설비에 있어서는 헤드가 개방되면 유수검지장치가 화재신호를 발신하고 그에 따라 음향장치가 경보되도록 할 것〈개정 2008.12.15〉

해설

1. 설비의 작동 및 음향경보

가. 습식스프링클러설비

습식스프링클러설비는 습식 유수검지장치 1차측 및 2차측 배관 내에 항시 가압수가 충수되어 있으며 소방대상물에 화재가 발생하여 온도가 상승하게 되면 폐쇄형스프링클러헤드의 감열체가 작동하여 배관내의 가압수가 스프링클러헤드로 방사되어 소화작업을 하는 설비로서 유수검지장치에 설치 된 압력스위치 등의 압력검지장치가 자동으로 물의 흐름을 검지하여 신호 또는 경보를 발하여야 한다.

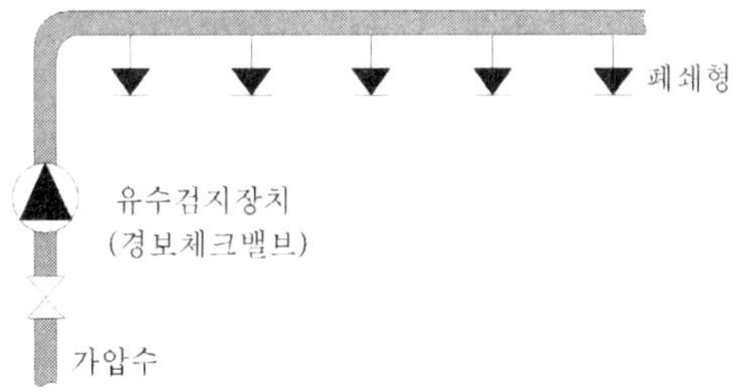

[습식스프링클러설비 계통도 예]

나. 건식스프링클러설비

건식스프링클러설비는 난방이 되지 않는 건축물 등 동파의 우려가 있는 소방대상물에 사용되는 방식으로 건식유수검지장치 1차측 배관 내에는 항시 가압수가 충수되어 있고 건식유수검지장치 2차측 배관 내에는 항시 압축공기가 충전되어 있다. 소방대상물에 화재가 발생하여 온도가 상승하게 되면 폐쇄형스프링클러헤드의 감열체가 작동하여 건식유수검지장치 2차측 배관 내에 충전되어 있던 압축공기가 스프링클러헤드로 방출되어 2차측 공기압력이 일정압력 이하로 낮아지게 되면 건식유수검지장치가 작동하게 되며, 건식유수검지장치 1차측 배관내의 가압수가 2차측으로 통하여 스프링클러헤드로 방사되어 소화작업을 하는 설비로서 유수검지장치에 설치된 압력스위치 등의 압력검지장치가 자동으로 물의 흐름을 검지하여 신호 또는 경보를 발하도록 하여야 한다.

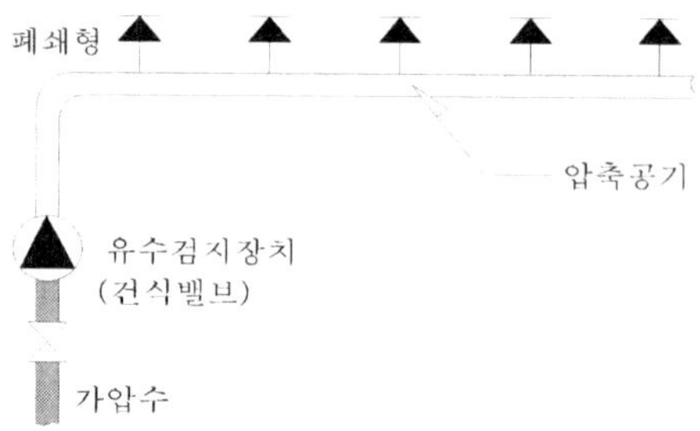

1.

[건식스프링클러설비 계통도 예]

2. 제품성능기준

「소방시설 설치유지 및 안전관리에 관한 법률」 제36조 및 「유수검지장치의 형식승인 및 검정기술기준(KOFEIS 0506)」에 의하여 형식승인 및 제품검사를 받은 제품을 사용하여야 한다.

2. 준비작동식유수검지장치 또는 일제개방밸브를 사용하는 설비에는 화재감지기의 감지에 따라 음향장치가 경보되도록 할 것. 이 경우 화재감지기회로를 교차회로방식(하나의 준비작동식유수검지장치 또는 일제개방밸브의 담당구역 내에 2 이상의 화재감지기회로를 설치하고 인접한 2 이상의 화재감지기가 동시에 감지되는 때에 준비작동식유수검지장치 또는 일제개방밸브가 개방 · 작동되는 방식을 말한다)으로 하는 때에는 하나의 화재감지기회로가 화재를 감지하는 때에도 음향장치가 경보되도록 하여야 한다. 〈개정 2008.12.15.〉

해설

1. 설비의 작동 및 음향경보

가. 준비작동식스프링클러설비

준비작동식스프링클러설비는 폐쇄형스프링클러헤드를 사용하는 설비로서 일제개방밸브는 평상시 밸브 1차측 까지 물이 충수되어 있는 설비로서 일제개방밸브의 자동 작동을 위하여 교차회로방식의 화재감지기를 설치하여야 하며(단, 2차측배관 내에 배관누설감시용 압축공기가 채워지거나 자동화재탐지설비의 화재안전기준 제7조 제1항 단서의 각호의 감지기를 설치하는 경우에는 그러하지 아니하다) 화재감지기 또는 수동 작동장치의 작동에 의하여 음향장치가 경보되도록 하여야 한다. 또한, 화재발생 시 방호구역 내에 설치된 화재감지기가 작동하거나 사람이 수동식 기동장치를 작동하게 되면 일제개방밸브가 열려 밸브 2차측의 해당 방호구역으로 물이 방사되고 일제개방밸브에 설치된 압력스위치 등의 압력검지장치가 자동으로 물의 흐름을 검지하여 신호 또는 경보를 발하도록 하여야 한다.

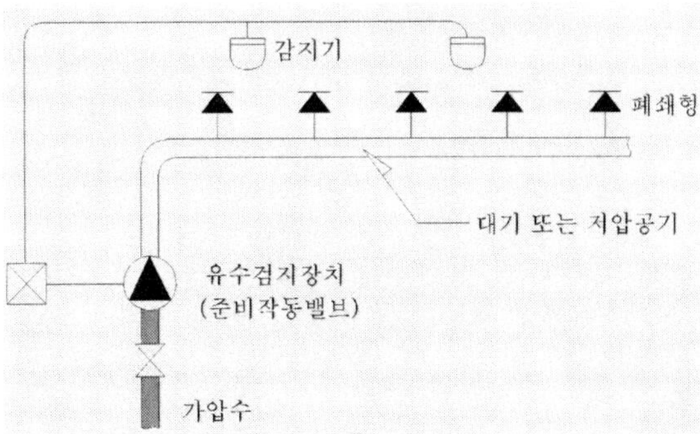

[준비작동식스프링클러설비 계통도 예]

나. 일제살수식스프링클러설비

일제개방밸브는 평상시 밸브 1차측 까지 물이 충수되어 있는 설비로서 일제개방밸브의 자동 작동을 위하여 교차회로방식의 화재감지기를 설치하여야 하며, 화재감지기 또는 수동 작동장치의 작동에 의하여 음향장치가 경보되도록 하여야 한다. 교차회로방식의 화재감지기를 설치하도록 한 사유는 화재감지기의 오동작으로 인한 스프링클러살수에 의한 소방대상물에 대한 물로부터의 피해를 최소화하기 위한 것으로서 옥외에 설치된 소방대상물(예 : 옥외변압기 등) 또는 옥내에 설치되더라도 스프링클러헤드 살수에 의한 물의 피해가 없는 소방대상물의 경우에는 반드시 교차회로 방식으로 하지 않아도 무방하다. 또한, 화재발생 시 방호구역 내에 설치된 화재감지기가 작동하거나 사람이 수동식 기동장치를 작동하게 되면 일제개방밸브가 열려 밸브 2차측의 해당 방호구역으로 물이 방사되고 일제개방밸브에 설치된 압력스위치 등의 압력검지장치가 자동으로 물의 흐름을 검지하여 신호 또는 경보를 발하도록 하여야 한다.

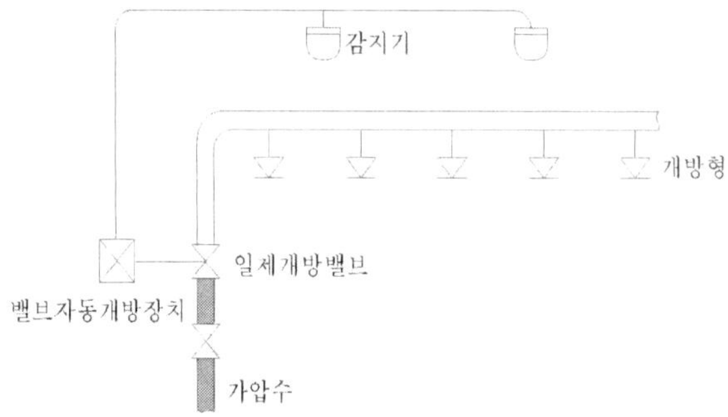

일제살수식 스프링클러설비 계통도 예

2. 화재감지기(교차회로방식)

스프링클러설비에 사용되는 화재감지기는 소방방재청장고시인 『자동화재탐지설비의 화재안전기준(NFSC 203)』에서 정하는 감지기를 의미하며 화재 시 발생하는 열, 연기, 불꽃 또는 연소생성물을 자동적으로 감지하여 수신기에 발신하는 장치를 말한다. 교차회로방식은, 하나의 준비작동식 유수검지장치 또는 일제개방밸브의 담당구역 내에 2이상의 화재검지기회로를 설치하고 인접한 2이상의 화재감지기가 동시에 감지될 때에 준비작동식유수검지장치 또는 일제개방밸브가 개방.작동되는 방식을 말한다. 교차회로방식의 경보방식은 다음과 같다. 감지기를 A, B교차회로로 구성하여 A감지기 또는 B감지기 작동시, 발신기 세트의 지구경종이 경보를 발한다(발신기 경종을 사이렌으로 겸용사용가능). 이후에 A, B감지기가 동시에 작동되면 밸브가 개방되며 스프링클러설비의 사이렌이 작동한다. 발신기 지구경종은 수평거리 25 m(보행거리40 m) 이내마다 설치하고, 사이렌은 일제개방밸브 1개당 1개씩 설치한다.

3. 제품성능기준

「소방시설 설치유지 및 안전관리에 관한 법률」 제36조 및「일제개방밸브의 형식승인 및 검정기술기준(KOFEIS 0507))」에 의하여 형식승인을 받은 제품을 사용하여야 한다.

> 3. 음향장치는 유수검지장치 및 일제개방밸브 등의 담당구역마다 설치하되 그 구역의 각 부분으로부터 하나의 음향장치까지의 수평거리는 25 m 이하가 되도록 할 것〈개정 2008.12.15〉

해설

1. 스프링클러 설비의 음향경보

이 항목은 스프링클러설비에 사용되는 음향장치의 설치공간에 대한 기준으로서 담당구역의 각 부분으로부터 하나의 음향장치까지의 수평거리를 정한다.

2. 스프링클러 설비의 방호구역

음향장치는 스프링클러설비의 방호구역에 설치되는 유수검지장치 등의 담당구역마다 설치하여야 하며, 담당구역의 모든 부분에 음향경보가 가능하여야 하므로 각 부분으로부터 하나의 음향장치까지의 수평거리는 25 m 이 하가 되도록 설치하여야 한다. 다만, 음향장치까지의 수평거리가 25 m를 초과하는 경우로서 기둥 또는 벽이 설치되지 아니한 대형공간의 경우 음향장치는 설치대상 장소의 가장 가까운 장소의 벽 또는 기둥 등에 설치하여야 한다.

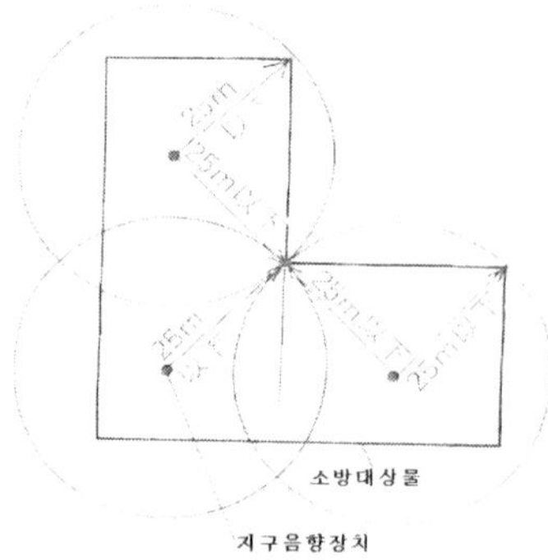

[음향장치 설치의 예]

3. 제품의 구조 및 성능

음향장치는 『자동화재탐지설비의 화재안전기준(NFSC203)』에서 정하는 구조 및 성능의 제품을 사용하여야 하며 스프링클러설비의 방호구역의 모든 부분에 음향경보가 가능하도록 설치하여야 한다.

4. 음향장치는 경종 또는 사이렌(전자식 사이렌을 포함한다)으로 하되, 주위의 소음 및 다른 용도의 경보와 구별이 가능한 음색으로 할 것. 이 경우 경종 또는 사이렌은 자동화재탐지설비 · 비상벨설비 또는 자동식사이렌설비의 음향장치와 겸용할 수 있다.

해설

1. 스프링클러 설비의 음향장치 음색

이 항목은 스프링클러설비에 사용되는 음향장치의 종류에 대한 기준으로서 다른 용도의 경보장치와 구별이 가능한 음색의 음향장치로 설치토록 규정하고 있다.

2. 음향장치의 종류

스프링클러설비의 방호구역에 설치되는 음향장치는 자동화재탐지설비·비상벨설비 또는 자동식사이렌설비의 음향장치와 겸용할 수 있으며 다른 용도의 경보장치와 구별이 가능한 음색의 음향장치로 설치하여야 한다.

3. 제품의 구조 및 성능

음향장치는 『자동화재탐지설비의 화재안전기준(NFSC203)』에서 정하는 구조 및 성능의 제품을 사용하여야 한다.

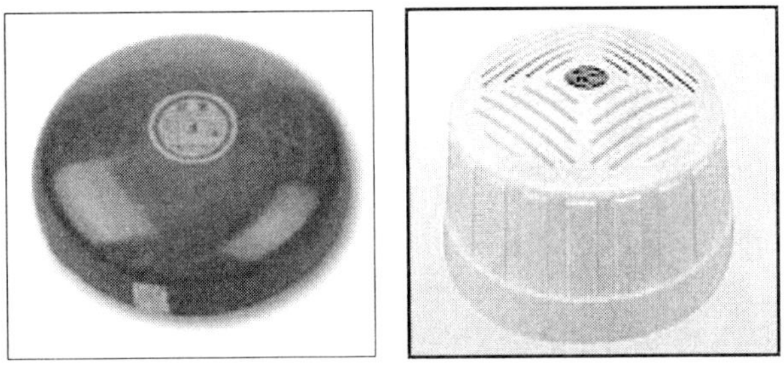

[경종 및 전자식 사이렌]

5. 주 음향장치는 수신기의 내부 또는 그 직근에 설치할 것.

해설

1. 주음향장치 설치장소

이 항목은 스프링클러설비에 사용되는 주음향장치의 설치장소에 대한 기준으로서 주음향장치의 작동 시 청취가 용이한 장소에 설치하도록 규정하고 있다.

2. 화재감시

스프링클러설비에 사용되는 주음향장치는 스프링클러설비의 작동을 건물의 관계인에게 알리기 위하여 설치하는 경보장치로서 항시 관계인이 상주하는 장소에 설치하여야 하며, 수신기의 내부 또는 그 직근 등 주음향장치의 작동시 청취가 용이한 장소에 설치하여야 한다.

3. 수신기

수신기라 함은『자동화재탐지설비의 화재안전기준(NFSC203)』에서 정하는 것으로서 감지기나 발신기에서 발하는 화재신호를 직접 수신하거나 중계기를 통하여 수신하여 화재의 발생을 표시 및 경보 하여 주는 장치를 말한다.

4. 제품성능기준

수신기는 「소방시설 설치유지 및 안전관리에 관한 법률」 제36조 및 「수 신기의 형식승인 및 검정기술기준(KOFEIS 0304)」에 의하여 형식승인 및 제품검사를 받은 제품을 사용하여야 한다.

※ 수신기 설치 기준 - 자동화재탐지설비의 화재안전기준 제5조 제3항

가. 수위실 등 상시 사람이 근무하는 장소에 설치할 것. 다만, 사람이 상시 근무하는 장소가 없는 경우에는 관계인이 쉽게 접근할 수 있고 관리가 용이한 장소에 설치할 수 있다.

나. 수신기가 설치된 장소에는 경계구역 일람도를 비치할 것. 다만, 모든 수신

연결되어 각 수신기의 상황을 감시하고 제어할 수 있는 수신기(이하 "주수신기"라 한다)를 설치하는 경우에는 주수신기를 제외한 기타 수신기는 그러하지 아니하다.

다. 수신기의 음향기구는 그 음량 및 음색이 다른 기기의 소음 등과 명확히 구별될 수 있는 것으로 할 것

라. 수신기는 감지기·중계기 또는 발신기가 작동하는 경계구역을 표시할 수 있는 것으로 할 것

마. 화재·가스 전기등에 대한 종합방재반을 설치한 경우에는 당해 조작반에 수신기의 작동과 연동하여 감지기·중계기 또는 발신기가 작동하는 경계구역을 표시할 수 있는 것으로 할 것

바. 하나의 경계구역은 하나의 표시등 또는 하나의 문자로 표시되도록 할 것

사. 수신기의 조작 스위치는 바닥으로부터의 높이가 0.8 m 이상 1.5 m 이하인 장소에 설치할 것

아. 하나의 소방대상물에 2 이상의 수신기를 설치하는 경우에는 수신기를 상호간 연동하여 화재발생 상황을 각 수신기마다 확인할 수 있도록 할 것

6. 5층(지하층을 제외한다) 이상으로서 연면적이 3,000 ㎡를 초과하는 소방대상물 또는 그 부분에 있어서는 2층 이상의 층에서 발화한 때에는 발화층 및 그 직상층에 한하여, 1층에서 발화한 때에는 발화층 · 그 직상층 및 지하층에 한하여, 지하층에서 발화한 때에는 발화층 · 그 직상층 및 기타의 지하층에 한하여 경보를 발할 수 있도록 할 것

해설

1. 스프링클러 설비의 음향장치 음색

이 항목은 스프링클러설비에 사용되는 음향장치의 경보방식에 대한 기준으로서 건축물의 규모 및 발화 장소에 따라 경보방식을 규정하고 있다.

2. 경보방식

발 화 층	경보가 되는 층
2층 이상의 층	발화층 + 직상층
1층	2층 + 1층 + 지하층
지하층	발화층 + 직상층 + 기타 지하층

스프링클러설비의 방호구역에 설치되는 음향장치는 화재발생장소의 발화층 인근에 있는 재실자의 피난 등을 위하여 설치하는 것으로서, 현행 자동화 재탐지설비의 화재안전기준 및 스프링클러설비의 화재안전기준에 의하여 상기 표와 같이 경보를 발하도록 하고 있다.

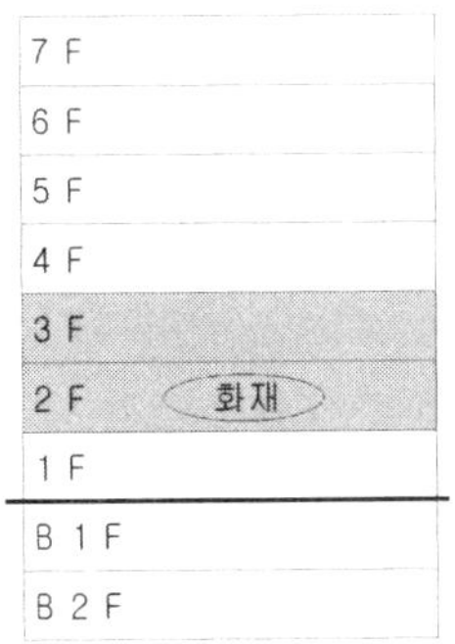

〔2층이상인 경우 예〕

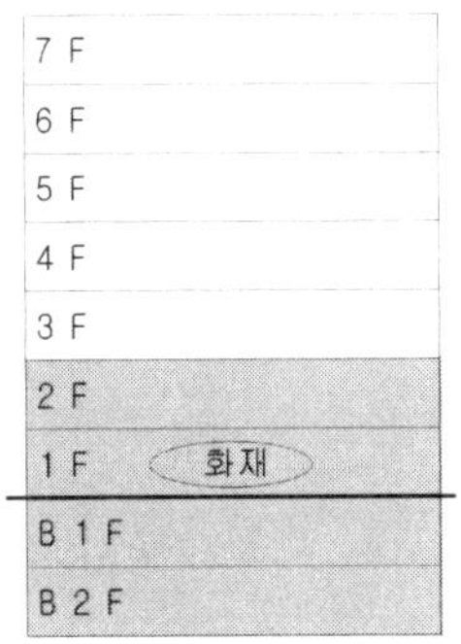

〔1층인 경우 예〕

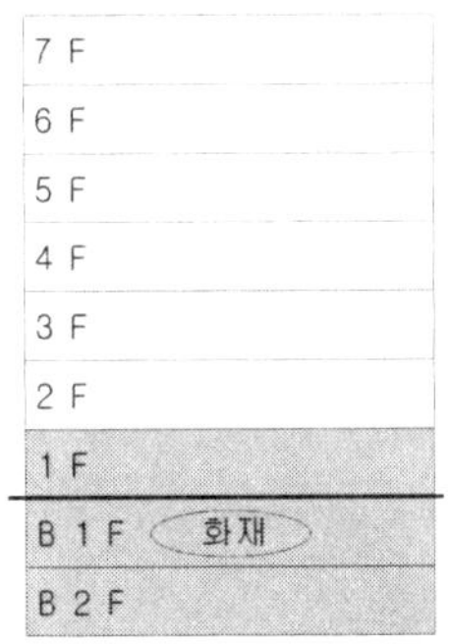

〔지하층인 경우 예〕

7. 음향장치는 다음 각목의 기준에 따른 구조 및 성능의 것으로 할 것
   가. 정격전압의 80% 전압에서 음향을 발할 수 있는 것으로 할 것
   나. 음량은 부착된 음향장치의 중심으로부터 1 m 떨어진 위치에서 90 dB 이상이 되는 것으로 할 것〈개정 2008.12.15〉

해설

1. 스프링클러 설비의 음향장치 음색

   이 항목은 스프링클러설비에 사용되는 음향장치의 성능 및 구조에 대한 기준으로서『자동화재탐지설비의 화재안전기준(NFSC203)』 및 『경종의 형식승인 및 검정기술기준 (KOFEIS 0305)』 등에서 정하는 구조 및 성능의 제품을 사용하여야 한다.

2. 음향장치의 구조 및 성능

   『자동화재탐지설비의 화재안전기준(NFSC203)』 및 『경종의 형식승인 및 검정기술기준 (KOFEIS 0305)』을 참조한다.

② 스프링클러설비의 가압송수장치로서 펌프가 설치되는 경우에는 그 펌프의 작동은 다음 각호의 1의 기준에 적합하여야 한다.
   1. 습식유수검지장치 또는 건식유수검지장치를 사용하는 설비에 있어서는 동장치의 발신이나 기동용수압개폐장치에 의하여 작동되거나 또는 이 두 가지의 혼용에 따라 작동 될 수 있도록 할 것〈개정 2008.12.15〉
   2. 준비작동식유수검지장치 또는 일제개방밸브를 사용하는 설비에 있어서는 화재감지기의 화재감지나 기동용수압개폐장치에 따라 작동되거나 또는 이 두 가지의 혼용에 따라 작동할 수 있도록 할 것.〈개정 2009.10.22〉

해설

1. 가압송수장치인 펌프의 작동
   가. 유수검지장치(건식.습식)를 사용하는 설비는 유수검지장치의 발신이나 기동용수압개폐장치의 작동 또는 이 두 가지를 혼용
      1) “유수검지장치의 발신”이라 함은 유수검지장치의 압력스위치 작동으로 수신기에서 동력제어반(펌프)을 기동하는 경우를 말하며,
      2) “기동용수압개폐장치의 작동”이란 펌프 2차측의 배관 내 유수의 흐름에 의해 압

력챔버 또는 기동용압력스위치에서 동력제어반(펌프)을 기동하는 경우를 말한다.

3) "유수검지장치의 발신 및 기동용수압개폐장치의 작동" 두 가지가 모두 작동하였을 때 동력제어반(펌프)을 기동하는 경우를 말한다.

나. 준비작동식유수검지장치 또는 일제개방밸브를 사용하는 설비는 화재감지기의 화재감지나 기동용수압개폐장치에 따라 작동되거나 또는 이 두 가지를 혼용

1) "화재감지기의 화재감지"라 함은 감지기의 화재신호로 수신기에서 동력제어반을 기동(펌프)하는 경우를 말한다.

2) "기동용수압개폐장치의 작동"이란 펌프 2차측의 배관내 유수의 흐름에 의하여 압력챔버 또는 기동용압력스위치에서 동력제어반을 기동(펌프)하는 경우를 말한다.

3) "화재감지기의 화재감지 및 기동용수압개폐장치의 작동" 두 가지가 모두 작동하였을 때, 동력제어반을 기동(펌프)하는 경우를 말한다.

> ③ 준비작동식유수검지장치 또는 일제개방밸브의 작동은 다음 각호의 기준에 적합하여야 한다. 〈개정 2008.12.15〉
>
> 1. 담당구역내의 화재감지기의 동작에 따라 개방 및 작동될 것
> 2. 화재감지회로는 교차회로방식으로 할 것. 다만, 다음 각목의 1에 해당하는 경우에는 그러하지 아니하다.
>   가. 스프링클러설비의 배관 또는 헤드에 누설경보용 물 또는 압축공기가 채워지는 경우
>   나. 화재감지기를 자동화재탐지설비의화재안전기준(NFSC 203) 제7조제1항 단서의 각호의 감지기로 설치한 때
> 3. 준비작동식유수검지장치 또는 일제개방밸브의 인근에서 수동기동(전기식 및 배수식)에 따라서도 개방 및 작동될 수 있게 할 것 〈개정 2008.12.15〉
> 4. 제1호 및 제2호의 규정에 따른 화재감지기의 설치기준에 관하여는 자동화재탐지설비의화재안전기준(NFSC 203) 제7조 및 제11조의 규정을 준용할 것. 이 경우 교차회로방식에 있어서의 화재감지기의 설치는 각 화재감지기 회로별로 설치하되, 각 화재감지기회로별 화재감지기 1개가 담당하는 바닥면적은 자동화재탐지설비의화재안전기준(NFSC 203) 제7조제3항 제5호 · 제8호 내지 제10호의 규정에 따른 바닥면적으로 한다.

해설

1. 일제개방밸브의 작동(개방)

준비작동식유수검지장치(폐쇄형헤드) 및 일제개방밸브(개방형헤드)는 평상시 밸브 1차측까지 물이 충수되어 있으며 화재발생 시 방호구역 내에 설치된 화재감지기가 작동하거나 사람이 수동식 기동장치를 작동하게 되면 밸브가 개방된다.

2. 일제개방밸브의 자동 작동

동식유수검지장치 및 일제개방밸브의 자동개방을 위하여 교차회로방식의 화재감지기를 설치하여야 한다. 이유는 화재감지기의 오동작으로 인한 스프링클러살수에 따른 피해를 최소화하기 위한 것이다(제9조 ①항 2호 해설참고(교차회로방식)).

가. 교차회로방식 적용 예외

화재감지기의 오동작 등에 의한 물 피해를 방지할 수 있도록 화재감지회로를 2개회로로 분리하여 방호구역 내에 설치하여야 하나 다른 방식으로 화재감시가 가능한 경우에는 1개회로의 화재감지회로만 설치할 수 있도록 완화하고 있다. 1회로 방식으로 가능한 경우는 다음과 같다.

1) 스프링클러설비의 배관 또는 헤드에 누설경보용 물 또는 압축공기가 채워지는 경우 누설경보용 물 또는 압축공기"는 배관내 소화수 또는 압축공기를 충전하는 것을 말한다. 준비작동식의 경우 영하의 장소에 설치가 가능하나 2차측이 대기압상태이므로 평상시에 배관의 파손이나 불량 등을 확인할 수 없는 단점이 있다. 그러나 2차측에 물이나 압축공기를 충전할 경우는 2차 측배관의 누설이나 헤드불량을 쉽게 확인할 수 있는 장점이 있다. 그러나 영하의 장소인 경우 동파의 우려가 있어 적용하기에는 한계가 있다. 이러한 장소에는 압축공기를 충전하는 방법이 고려 될 수 있으며 이때는 유수검지장치 2차측에 OS&Y밸브 이외에 가스누설 방지용 체크밸브(가스용)도 별도로 설치하여야 한다.

2) 화재감지기를 자동화재탐지설비의 화재안전기준(NFSC 203) 제7조 제1항 단서의 각호의 감지기로 설치할 경우

자동화재탐지설비의 화재안전기준 제7조 제1항 단서 규정에서 정하는 감지기(8종)은 신뢰도가 높아 오동작을 방지할 수 있는 기능이 있는 것으로 판단한 것이다.

※ 자동화재탐지설비의 화재안전기준 제7조 제1항

제7조(감지기) ① 자동화재탐지설비의 감지기는 부착높이에 따라 다음 표에 따

른 감지기를 설치하여야 한다. 다만, 지하층·무창층 등으로서 환기가 잘되지 아니하거나 실내면적이 40 ㎡ 미만인 장소, 감지기의 부착면과 실내바닥과의 거리가 2.3 m 이하인 곳으로서 일시적으로 발생한 열·연기 또는 먼지 등으로 인하여 화재신호를 발신할 우려가 있는 장소(제5조제2항 본문의 규정에 따른 수신기를 설치한 장소를 제외한다)에는 다음 각호에서 정한 감지기 중 적응성 있는 감지기를 설치하여야 한다.

1. 불꽃감지기
2. 정온식감지선형감지기
3. 분포형감지기
4. 복합형감지기
5. 광전식분리형감지기
6. 아날로그방식의 감지기
7. 다신호방식의 감지기
8. 축적방식의 감지기

3. 준비작동식유수검지장치 또는 일제개방밸브의 인근에서 수동기동(전기식 및 배수식)에 따라서도 개방 및 작동될 수 있게 할 것〈개정 2008.12.15〉

해설

1. 수동기동방식의 필요성

자동식설비에도 사람이 먼저 화재를 발견한 경우 작동할 수 있도록 수동식 기동장치를 병설한다. 그러나 건식 및 습식스프링클러설비는 헤드개방즉시 방수가 가능한 구조여서 수도식기동장치의 필요성이 덜한 편이다.

이에 비해 준비작동식유수검지장치 또는 일제개방밸브의 경우는, 화재로 헤드가 개방(유수검지장치)되더라도 또는 소화(방수)가 필요하더라도 설비가 폐쇄되어 있으면 방수가 불가능하다. 그러므로 사람이 먼저 발견한 경우 준비작동식유수검지장치 또는 일제개방밸브를 수동조작하는 조치가 매우 유효하게 된다.

2. 수동기동 방식

준비작동식유수검지장치 또는 일제개방밸브는 화재감지기 또는 수동 작동장치(수동 누름버턴)를 누르면 솔레노이드밸브를 열려 결국 준비작동식유수검지장치 또는 일제개방밸브가 개방되거나, 수동밸브를 작동(개방)하여 압력균형을 깨뜨려 준비작동식유수검지장치 또는 일제개방밸브를 개방할 수 있어야 하며 이때 음향장치로 경보하는 기능이 있어야 한다.

가. 전기식

"전기식"이란 버턴을 조작하여 원격으로 솔레노이드밸브를 동작시켜 준비작동식유수검지장치 또는 일제개방밸브를 개방시키는 전기적방식을 말하며 이러한 수동기동장치가 "슈퍼비조리판넬(super visory panel)"에 장치되어 있다.

나.배수식

"배수식"이란 준비작동식유수검지장치 또는 일제개방밸브에 수동 개방밸브를 설치하여 수동으로 이 밸브를 직접 조작하여 밸브를 개방시키는 기계적인 방식을 말한다.

3. 수동기동장치의 설치

수동기동장치의 설치수량은 "방호구역 내에 준비작동식유수검지장치 또는 일제개방밸브 마다" 설치한다.

> 4. 제1호 및 제2호의 규정에 따른 화재감지기의 설치기준에 관하여는 자동화재탐지설비의화재안전기준(NFSC 203) 제7조 및 제11조의 규정을 준용할 것. 이 경우 교차회로방식에 있어서의 화재감지기의 설치는 각 화재감지기 회로별로 설치하되, 각 화재감지기회로별 화재감지기 1개가 담당하는 바닥면적은 자동화재탐지설비의화재안전기준(NFSC 203) 제7조제3항제5호 · 제8호 내지 제10호의 규정에 따른 바닥면적으로 한다.

해설

1. 자동화재탐지설비의 화재안전기준(NFSC 203)의 준용(부록C참조) 『자동화재탐지설비의 화재안전기준(NFSC 203) [소방방재청고시 제2009-31호, 2009.8.24, 일부개정]』의 제7조(감지기) 및 제11조(배선)의 내용을 준용한다.

5. 화재감지기 회로에는 다음 각목의 기준에 따른 발신기를 설치할 것. 다만, 자동화재탐지설비의 발신기가 설치된 경우에는 그러하지 아니하다.
〈개정 2008.12.15〉
   가. 조작이 쉬운 장소에 설치하고, 스위치는 바닥으로부터 0.8 m 이상 1.5 m 이하의 높이에 설치할 것
   나. 소방대상물의 층마다 설치하되, 당해 소방대상물의 각 부분으로부터 하나의 발신기까지의 수평거리가 25 m 이하가 되도록 할 것. 다만, 복도 또는 별도로 구획된 실로서 보행거리가 40 m 이상일 경우에는 추가로 설치하여야 한다.
   다. 발신기의 위치를 표시하는 표시등은 함의 상부에 설치하되, 그 불빛은 부착 면으로부터 15° 이상의 범위 안에서 부착지점으로부터 10 m 이내의 어느 곳에서도 쉽게 식별할 수 있는 적색등으로 할 것

해설

1. 발신기의 설치

화재감지기를 설치하는 준비작동식유수검지장치 또는 일제개방밸브에는 화재감지기 회로에 회로 별로 발신기를 설치하여야한다. 그러나 자탐설비의 발신기가 설치된 경우는 발신기를 추가로 설치하지 않고 이를 대체할 수 있다. 발신기의 스위치는 화재를 인지할 수 있는 연령의 사람이면 누구나 조작할 수 있는 위치에 설치하여야 한다. 발신기는 소방대상물의 층마다 설치하되 화재를 인지한 때 신속히 조작할 수 있는 거리(25 m)내에 위치하여야 한다.

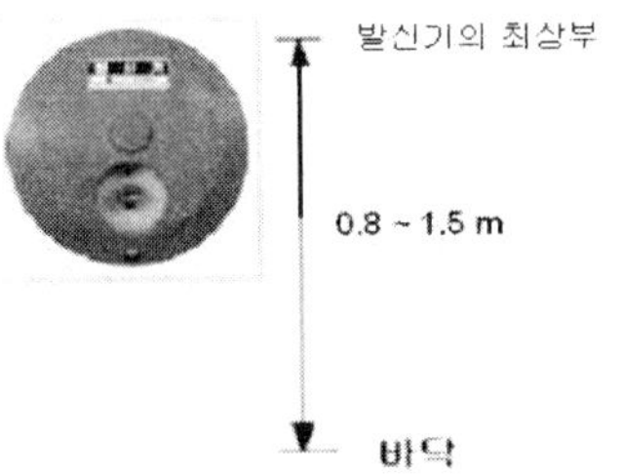

[발신기의 설치높이 예]

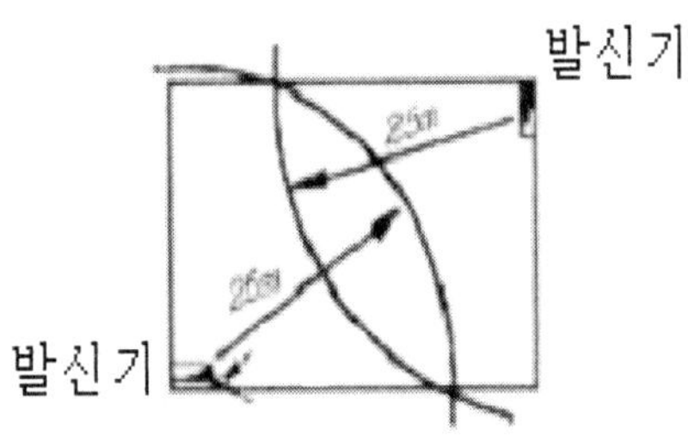

[발신기의 설치위치 예]

발신기의 위치를 표시하는 표시등은 표시등의 성능시험기술기준(소방방재청장고시)

에 의해 제품승인 및 제품검사에 합격한 제품을 사용하여야 한다.

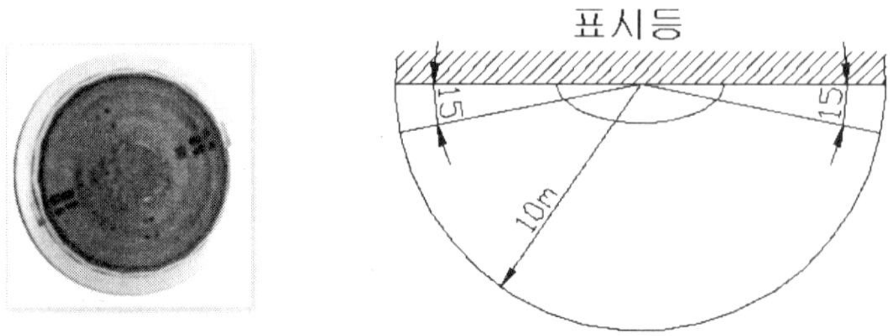

[표시등 설치의 예]

제10조(헤드) ①스프링클러헤드는 소방대상물의 천장 · 반자 · 천장과 반자사이 · 덕트 · 선반 기타 이와 유사한 부분(폭이 1.2 m를 초과하는 것에 한한다)에 설치하여야 한다. 다만, 폭이 9 m 이하인 실내에 있어서는 측벽에 설치할 수 있다.

해설

1. 스프링클러헤드 설치장소

이 조항은 소방대상물에 화재가 발생하는 경우에 스프링클러설비가 자동 으로 화재를 감지하여 소화성능을 다 할 수 있도록 소방대상물에 설치하는 스프링클러헤드의 세부 설치장소에 대한 기준으로서 이 기준 제15조에서 정하는 장소를 제외한 모든 부분의 방호를 위하여 스프링클러헤드를 설치하도록 하고 있다.

2. 세부 설치장소

가. 천장

반자가 설치되지 않는 방호구역에 스프링클러헤드가 설치되는 부분으로서 천장 아래 부분의 방호를 위하여 일반적으로 천장부근에 상향형 스프링클러헤드를 설치한다.

나. 반자

반자가 설치되는 방호구역에 스프링클러헤드가 설치되는 부분으로서 반자아래 부분의 방호를 위하여 일반적으로 반자표면 또는 반자 아래에 하향형 스프링클러헤드를 설치한다.

다. 천장과 반자사이

반자가 설치되는 방호구역에 스프링클러헤드가 설치되는 부분으로서 천장과 반자사이의 은폐된 공간 내에 가연물질이 있는 경우에는 이를 방호하기 위하여 일반적으로 천장부근에 상향형 스프링클러헤드를 설치한다.

라. 덕트·선반 기타 이와 유사한 부분(폭이 1.2 m를 초과하는 것에 한 한다).

방호구역 내에 덕트, 선반 기타 이와 유사한 부분으로서 폭이 1.2 m를 초과하는 경우에는, 헤드의 살수를 방해할 수 있으므로, 덕트 및 선반 기타 이와 유사한 부분의 상단과 하단을 별도의 방호공간으로 간주하여 헤드의 설치를 고려하여야 한다.

마. 폭이 9 m 이하인 장소

폭이 9 m 이하인 장소에는 벽체의 양쪽에 측벽형 스프링클러헤드를 설치할 수 있다.

3. 스프링클러헤드의 설치조건

「소방시설 설치유지 및 안전관리에 관한 법률」 제36조 및 「스프링클러헤드의 형승인 및 검정기술기준(KOFEIS 0501)」에 의하여 형식승인 및 제품검사를 받은 스프링클러헤드를 사용하여야 한다.

> ② 랙크식창고의 경우로서 소방기본법시행령 별표 2의 특수가연물을 저장 또는 취급하는 것에 있어서는 랙크높이 4 m 이하마다, 그 밖의 것을 취급하는 것에 있어서는 랙크높이 6 m 이하마다 스프링클러헤드를 설치하여야 한다. 다만, 랙크식창고의 천장높이가 13.7 m 이하로서 화재조기진압용 스프링클러설비의화재안전기준(NFSC 103 B)의 규정에 따라 설치하는 경우에는 천장에만 스프링클러헤드를 설치할 수 있다.

해설

1. 랙크식 창고의 경우 스프링클러헤드의 설치위치

※ 랙크식창고의 정의(화재안전기준)

반자(반자가 없는 경우에는 지붕의 옥내에 면하는 부분)까지의 높이가 10 m를 넘는 것으로 선반 또는 이와 유사한 것을 설치하고 승강기 등에의하여 수납물을 운반하는 장치를 갖춘 창고를 말한다. 즉, 바닥으로부터 창고의 처마까지의 높이가 10 m 이상이며 자동운반장치를 갖춘 자동창고만을 의미한다.

가. 천정에 스프링클러헤드의 설치

제10조 제3항 제2호 참조

나. 스프링클러헤드의 설치

특수가연물을 저장 또는 취급하는 경우에는 4 m이하마다 그 밖의 것은 6 m 이하마다 스프링클러헤드를 설치한다. 스프링클러헤드는 상부에 설치된 스프링클러헤드로부터 방사되는 물이 아래쪽에 설치된 스프링클러헤드의 감열체를 적시어 아래쪽의 스프링클러헤드가 동작되지 못하도록 하는 것을 방지하기 위하여 스프링클러헤드 설치에 따라 꼭대기에 차폐판(보호판)을 부착한 것을 말한다.

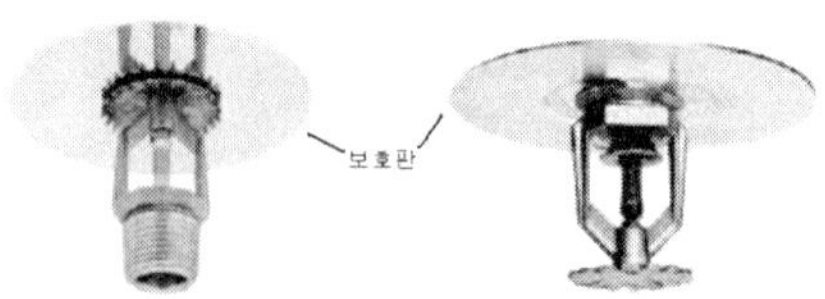

(상향형)

(하향형)

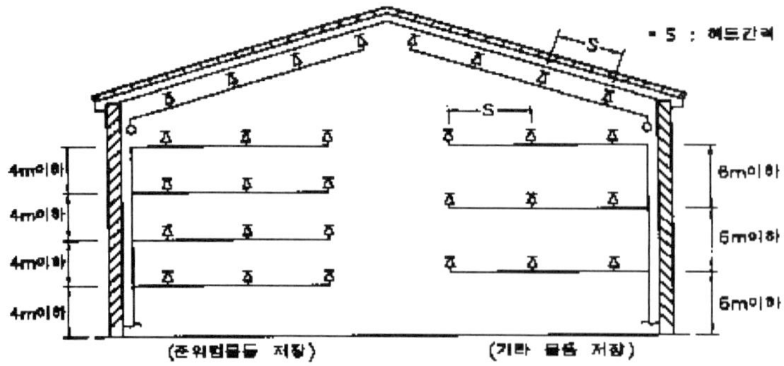

[랙크식 스프링클러설비 예]

2. 랙크식 창고에 대한 스프링클러설치 기준(NFPA 13 참고)

※ 랙크식창고의 정의 : 자동식 또는 수동식의 운반장치 설치여부와 관계없이 고정식 또는 이동식의 랙크에 물건을 수납하는 모든 창고를 포함하며 다음과 같이 구분한다.

- 랙크의 배열 : 단일랙크, 이중랙크 및 다중랙크
- 저장상품의 종류 : Class 1, Class 2, Class 3, Class 4, 플라스틱상품(발포 및 비 발포), 고무제품 등
- 상품의 적재높이 : 3.7 m 초과 7.6 m 이하, 7.6 m 초과
- 층고의 최대높이 : 7.6 m, 9.1 m, 10.7 m, 12.2 m, 13.7 m이하
- 랙크의 선반 : 구멍이 뚫린 것 또는 막힌 것
- 통로(Aisle)의 폭 : 1.2 m, 2.4 m

즉, 랙크식에 사용되는 스프링클러헤드의 설치기준은 랙크식 창고에 수납되는 저장상품의 종류, 랙크의 배열, 적재높이, 최대층고, 선반의 형태, 통로의 폭 등을 종합적으로 고려한 실제 화재시험을 통하여 제시된 것으로 수평배치간격은 1.5 m이내, 2.4 m이내, 3.0 m이내, 수직배치간격은 1.5 m 이내, 3.0 m이내, 6.0 m이내 등 다양하다.

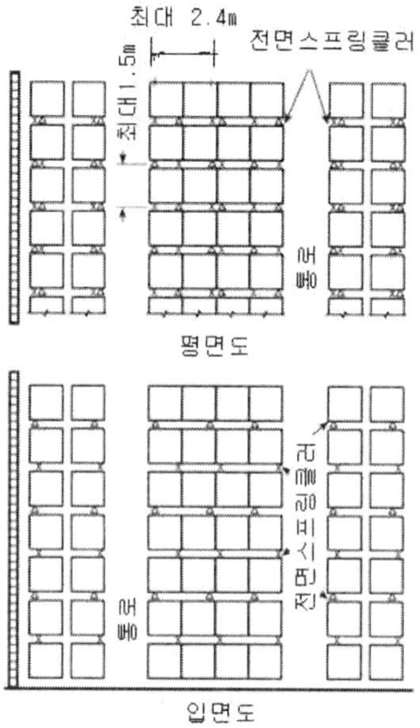

[랙크식 스프링클러헤드 설치 예]

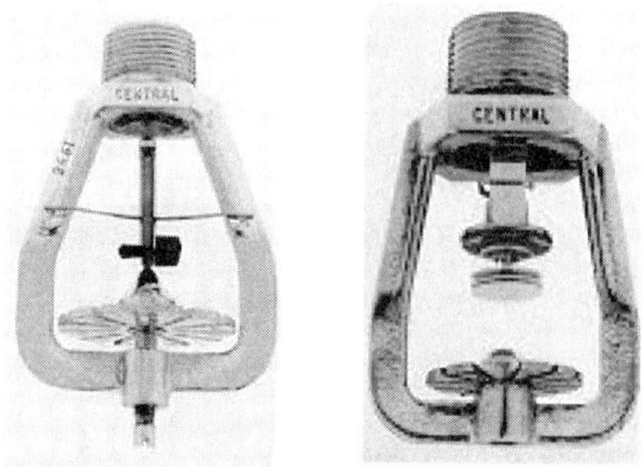

[화재조기진압용 스프링클러헤드]

③ 스프링클러헤드를 설치하는 천장 · 반자 · 천장과 반자사이 · 덕트 · 선반등의 각 부분으로부터 하나의 스프링클러헤드까지의 수평거리는 다음 각호와 같이 하여야 한다. 다만, 성능이 별도로 인정된 스프링클러헤드를 수리계산에 따라 설치하는 경우에는 그러하지 아니하다.

1. 무대부 · 소방기본법시행령 별표 2의 특수가연물을 저장 또는 취급하는 장소에 있어서는 1.7 m 이하
2. 랙크식 창고에 있어서는 2.5 m 이하 다만, 특수가연물을 저장 또는 취급하는 랙크식 창고의 경우에는 1.7 m 이하
3. 공동주택(아파트) 세대 내의 거실에 있어서는 3.2 m 이하(스프링클러헤드의 형식승인 및 검정기술기준 유효반경의 것으로 한다.)〈개정2008.12.15〉
4. 제1호 내지 제3호외의 소방대상물에 있어서는 2.1 m 이하(내화구조로된 경우에는 2.3 m 이하)

해설

1. 스프링클러헤드의 수평거리

수평거리란 소방대상물의 각 부분이 헤드의 수평거리 내에 포함되어야 하므로, 결국 이는 헤드를 중심으로 한 반경의 원을 의미하므로 원내에 바닥면적이 포용되어야하며 이를 "유효살수반경"이라고 한다.

스프링클러헤드를 설치하는 천장·반자·천장과 반자사이·덕트·선반 등의 각 부분으로부터 하나의 스프링클러헤드까지의 수평거리는 다음 표와 같다.

소 방 대 상 물		수 평 거 리(R)
무대부·특수가연물을 저장 취급하는 장소		1.7 m 이하
랙크식창고(특수가연물 저장 또는 취급)		2.5 m이하(1.7 m이하)
아파트		3.2 m이하
기타 소방대상물	비내화구조	2.1 m이하
	내화구조	2.3 m이하

일반물품을 저장하는 랙크식창고의 경우 수평거리를 내화구조 건축물보다완화 시킨 것은 일반건축물과 달리 수평적으로만 헤드를 설치하는 것이 아니라 수직적으로도 헤드를 부착하기 때문이다. 아파트의 경우는 수평거리 3.2 m이하이므로 헤드 선정시 3.2 m까지 설치가 가능한 헤드인지를 확인 한다.

2. 스프링클러헤드의 배치 및 간격

가. 정사각형 배치

스프링클러헤드간의 거리와 가지배관 상호간의 거리가 같게 배치된 형태로서 스프링클러헤드의 간격 $L=2r\cos45°$ $(\cos45° = 1/\sqrt{2})$를 적용한다. 스프링클러헤드의 수평거리(r)에 따른 스프링클러설비의 스프링클러헤드간격은 다음과 같다.

1) 수평거리 1.7 m 인 경우 L = 2.40 m

2) 수평거리 2.1 m 인 경우 L = 2.97 m

3) 수평거리 2.3 m 인 경우 L = 3.25 m

4) 수평거리 2.5 m 인 경우 L = 3.54 m

5) 수평거리 3.2 m 인 경우 L = 4.53 m

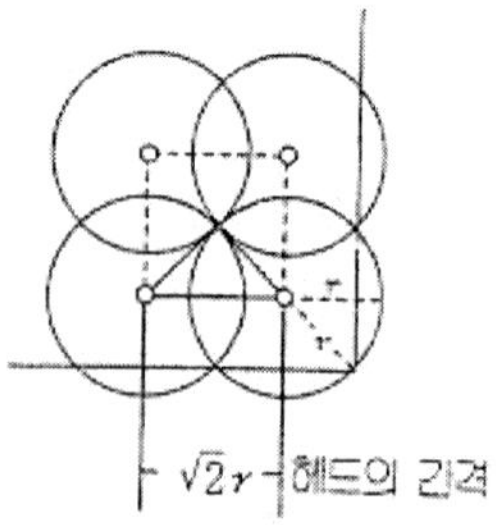

[정사각형 배치의 예]

나. 직사각형배치

스프링클러헤드간의 거리와 가지배관간의 거리가 같지 않은 경우로서 스프링클러헤드의 대각선 간격 X = 2r을 적용한다.

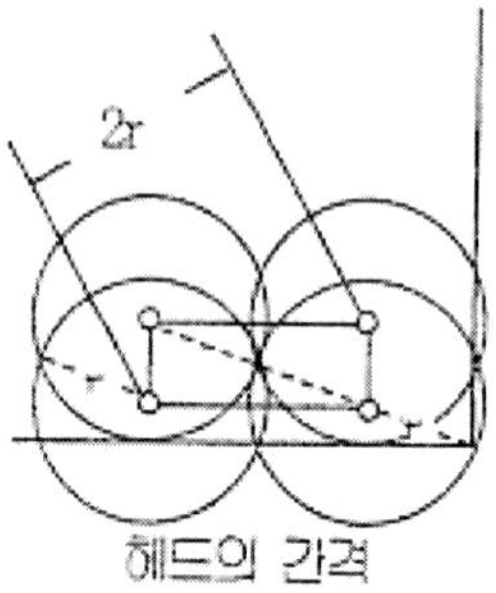

[직사각형 배치의 예]

다. 나란히꼴 배치

3개의 스프링클러헤드가 정삼각형을 이루고 4개의 스프링클러헤드는 나란히꼴을 이루는 배치형태로서 일반적으로 직사각형이나 정사각형이 아닌 형태의 건물 내 스프링클러헤드 배치형태이다.

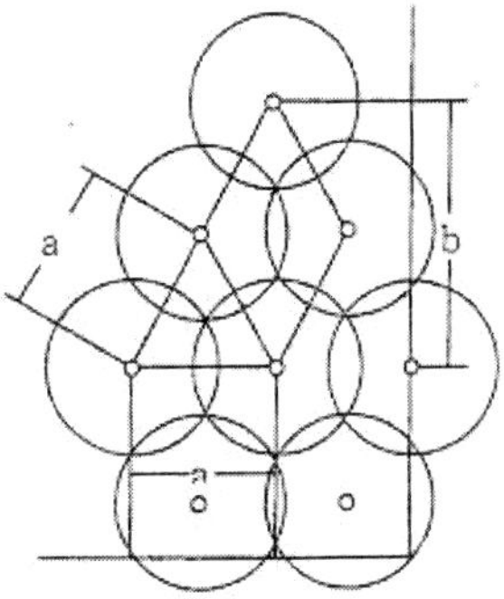

[나란히꼴 배치의 예]

수평거리(r)	a의 간격(2rcos30°)	b의 간격(2acos30°)	배관간격(L)
1.7 m	2.94 m	5.10 m	2.55 m
2.1 m	3.64 m	6.30 m	3.15 m
2.3 m	3.98 m	6.90 m	3.44 m
2.5 m	4.33 m	7.50 m	3.75 m
3.2 m	5.54 m	9.60 m	4.78 m

3. 성능이 별도로 인정된 스프링클러헤드

화재안전기준에서 정하는 기준외의 스프링클러헤드 (예: 확장형스프링클러헤드 등) 또는 스프링클러헤드의 형식승인 및 검정기술기준에 명시되었거나 언급이 되지 않았더라도 UL 또는 FM 등 국제공인기관에 의하여 성능이 인증되어 사용되고 있는 스프링클러헤드로서 소화용수 및 한국소방산업기술원으로 부터 특례적용을 받은 스프링클러헤드를 말한다.

④ 영 별표 4 소화설비의 소방시설 적용기준란 제3호가목의 규정에 따른 무대부 또는 연소할 우려가 있는 개구부에 있어서는 개방형스프링클러헤드를 설치하여야 한다.

해설

(제10조 ⑦항 6호 해설참조, 제15조 제②항 해설참조)

1. 무대부 스프링클러헤드 설치

"무대부"에 천정이 높아 화재 시 열의 집적으로 폐쇄형헤드가 작동되는 것이 용이하지 않다. 또 조명기구 등의 과열 등으로 화재위험성이 높으며 화재가 발생하면 무대부의 막 등을 통하여 화재가 빠른 속도로 전파될 수 있으므로 일시에 살수될 수 있도록 개방형스프링클러헤드를 설치한다.

※설치대상 무대부

:소방시설설치유지 및 안전관리에 관한 법률 시행령 별표4

전반부 생략

3. 스프링클러설비를 설치하여야 하는 특정소방대상물(가스시설 또는 지하구를 제외한다)은 다음 각 목의 어느 하나와 같다.

가. 문화집회 및 운동시설(사찰·제실·사당 및 동식물원은 제외한다)로서 다음의 1에 해당하는 경우에는 전층

(1) 생략

(2) 생략

(3) 무대부가 지하층 · 무창층 또는 4층 이상의 층에 있는 경우에는 무대부의 면적이 300 m^2 이상인 것

(4) 무대부가 (3)호 외의 층에 있는 경우에는 무대부의 면적이 500 m^2 이상인 것

후반부 생략

2. 컨베이어 등 개구부의 스프링클러헤드 설치(제15조 ②항 해설참조)

공장 또는 창고 등의 생산공정, 운반공정 등에 있어서 방화구획을 불가피하게 통과하여야 하는 개구부가 존재 한다. 폐쇄형 스프링클러헤드를 설치할 경우 화재감지가 늦어져 개구부를 통하여 인접지역으로 화재가 확산될 수 있으므로 개방형 스프링클러헤드를 설치하여 일시에 방호하도록 하여야한다.

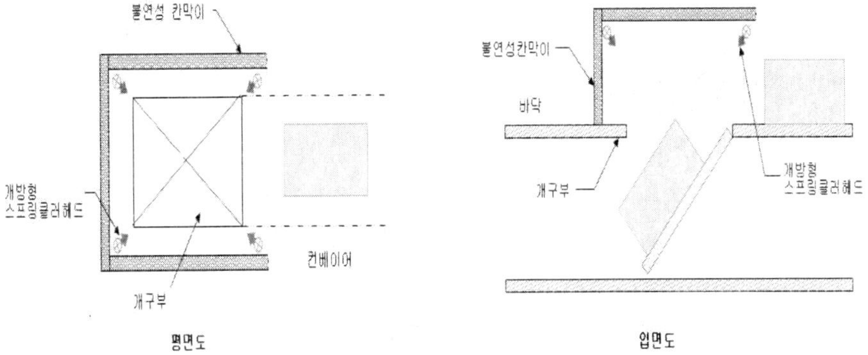

[개구부의 스프링클러헤드 설치 예]

> ⑤ 다음 각호의 어느 하나에 해당하는 장소에는 조기반응형 스프링클러헤드를 설치하여야 한다.
> 1. 공동주택·노유자시설의 거실
> 2. 오피스텔·숙박시설의 침실, 병원의 입원실

해설

1. 조기반응형 스프링클러헤드의 설치장소

조기반응형 스프링클러헤드는 반응시간지수(RTI)가 50이하인 속동형 헤드를 말한다. 비교적 화재의 강도가 크지 않고 소방대상물의 물적인 피해보다는 인명의 안전이 우선 고려되어야 하는 장소에 조기반응형 스프링클러헤드를 설치 한다. 공동주택의 거실, 노유자시설의 거실이나 오피스텔의 침실, 숙박시설의 침실, 병원의 입원실 등이 여기에 속한다.

2. 공동주택 등의 스프링클러헤드

주거형스프링클러헤드는 조기반응형스프링클러헤드이나 스프링클러헤드의 오리피스 상수 K값이 표준형스프링클러헤드의 경우 80인데 반하여 주거형스프링클러헤드는 50 (± 2.5)인 것이 다르다. 주거형스프링클러헤드는 거주공간의 인명안전을 목적으로 설치되는 스프링클러헤드이기 때문이다.

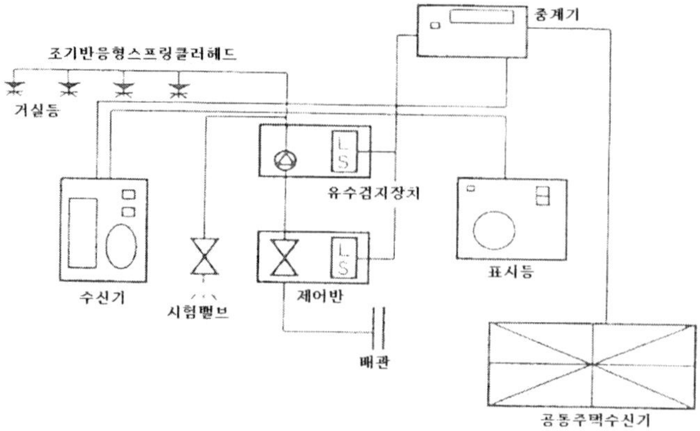

[공동주택 등의 스프링클러설비의 예]

⑥ 폐쇄형스프링클러헤드는 그 설치장소의 평상시 최고 주위온도에 따라 다음 표에 따른 표시온도의 것으로 설치하여야 한다. 다만, 높이가 4 m 이상인 공장 및 창고(랙크식창고를 포함한다)에 설치하는 스프링클러헤드는 그 설치장소의 평상시 최고 주위온도에 관계없이 표시온도 121℃ 이상의 것으로 할 수 있다.

설치장소의 최고 주위온도	표 시 온 도
39℃ 미만	79℃ 미만
39℃ 이상 64℃ 미만	79℃ 이상 121℃ 미만
64℃ 이상 106℃ 미만	121℃ 이상 162℃ 미만
106℃ 이상	162℃ 이상

해설

1. 폐쇄형스프링클러헤드 설치장소에 따른 작동온도의 산정

※ 최고주위온도 산출식 :

최고주위온도(℃) = 0.9 × 스프링클러헤드의 표시온도(℃) - 27.3

(단, 75° 미만일 경우 39° 를 적용한다.)

스프링클러헤드의 표시온도(℃) = [최고주위온도(℃) + 27.3] / 0.9

스프링클러헤드는 감열부가 유리벌브인 경우 표시온도의 95~115%에서 작동하며, 감

열부가 휴지블 링크인 경우에는 표시온도의 97~103%에서 작동한다. 표시온도란 폐쇄형헤드에서 감열체가 작동하는 온도로서 제조시 헤드에 표시되어 있으며 최고주위온도는 1년 중 헤드가 설치된 장소에서 발생하는 가장 높은 온도를 말한다.

2. 공장 및 창고 등에서 표시온도가 높은 제품을 사용하는 이유

공장 및 창고 등의 물품을 적재하는 장소에서 최고 주위온도와 관계없이높은 표시온도의 스프링클러헤드를 설치하도록 한 이유는, 낮은 표시온도의 스프링클러헤드를 설치하거나 조기반응형스프링클러헤드를 설치할 경우에는 화재발생지역외의 장소까지 광범위하게 스프링클러헤드가 작동되어 화재로 인한 피해보다 오히려 물로 인한 피해가 커지며 기준개수 이상의 스프링클러헤드 개방으로 펌프의 설계유량보다 많은 유량이 방사되어 설계압력보다 낮은 방사압력으로 살수되어 살수밀도가 낮아져 소화성능에도 막대한 영향을 초래할 수 있기 때문이다. 따라서 화재발생지역에 국한하여 스프링클러헤드가 살수될 수 있도록 하기 위하여 높은 표시온도의 스프링클러헤드를 설치 한다.

※ NFPA 13 기준에 의한 스프링클러헤드 표시온도 등급

표시 온도 구분	온도 등급
57 ℃이상 77 ℃이하	보통
79 ℃이상 107 ℃이하	중간
121 ℃이상 149 ℃이하	높음
163 ℃이상 191 ℃이하	매우 높음

(NFPA 13-2007, Table 6.2.5.1 참고)

1. 스프링클러헤드의 설치방법

가. 스프링클러헤드의 살수반경

스프링클러헤드의 반사판(디프렉타)로부터 반경 60 ㎝이내에는 살수장애가 되는 구조물 (닥트, 조명기구, 배관, 보, 케이블트레이 등)이 없어야 하나 벽체 부근에

설치되는 스프링클러헤드의 경우에는 벽체로부터 10 ㎝이상만 띄우면 된다.

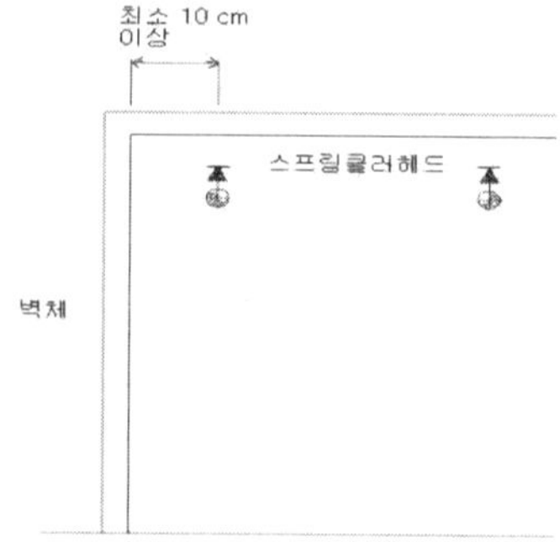

[벽체와 스프링클러헤드의 거리 예]

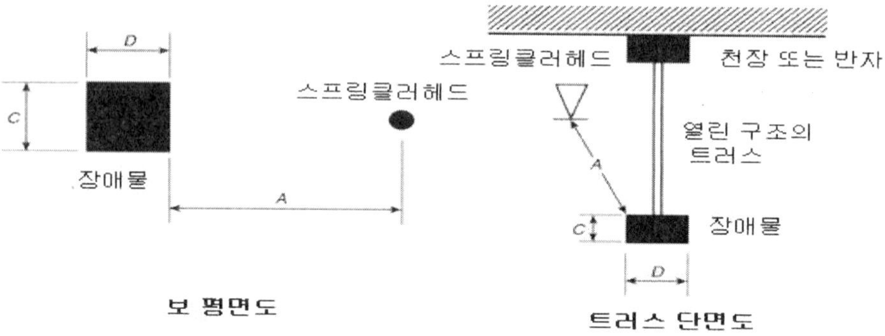

(A ≥ 3C 또는 3D 예)　　(A ≥ 0.6 m 예)

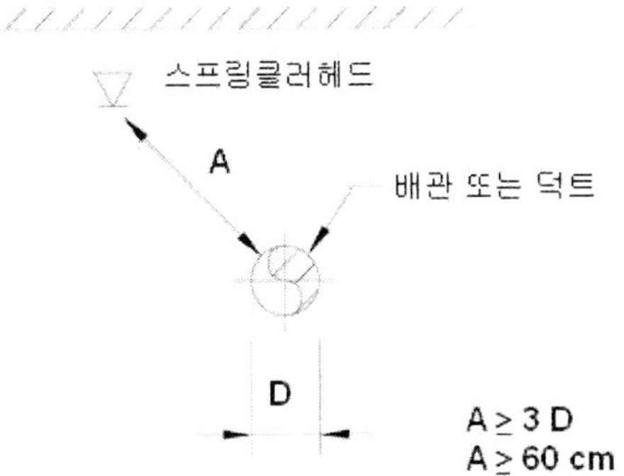

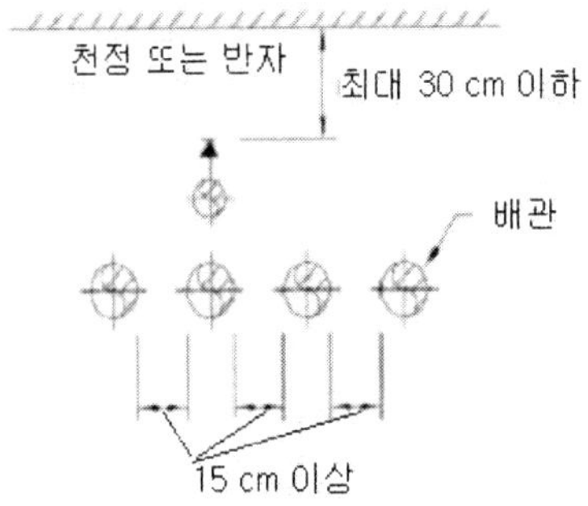

(살수장애 아님의 예)

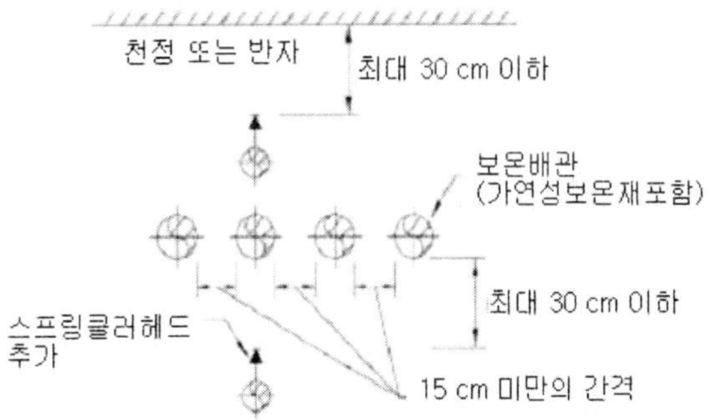

(살수장애의 예)

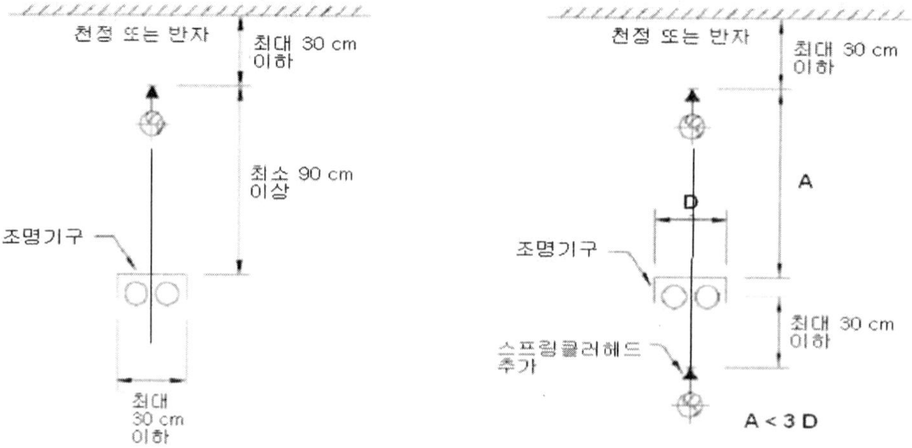

D : 최대 30 cm 이하

(살수장애 아님의 예) (살수장애의 예)

[스프링클러설비 살수장애의 예]

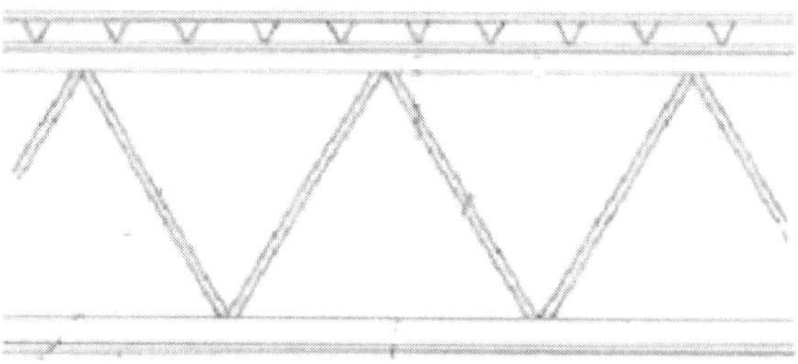

[열린 구조의 트러스 예]

[트러스 구조의 부재 치수에 따른 최소 수평거리 예]

수직 장애물로부터의 최소 거리	
장애물의 최대 치수	최소수평거리(㎜)
15 ~ 25 ㎜이하	150 ㎜
25㎜ 초과 ~ 100 ㎜이하	300 ㎜
100 ㎜초과	600 ㎜

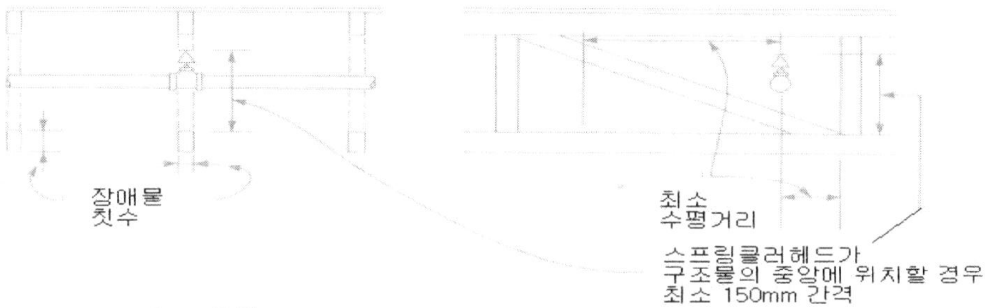

트러스 측면

트러스 정면

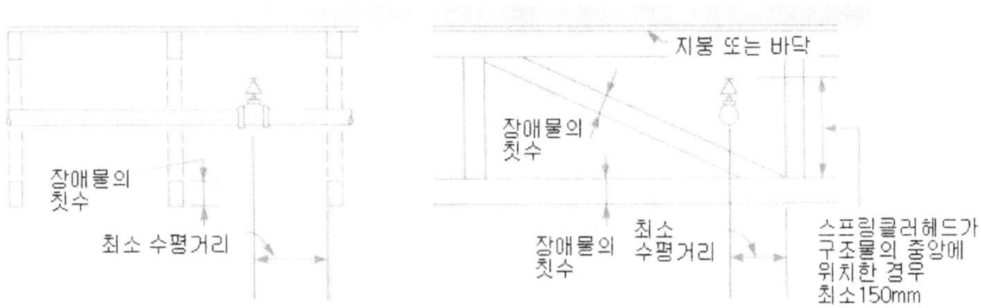

트러스의 측면

트러스의 정면

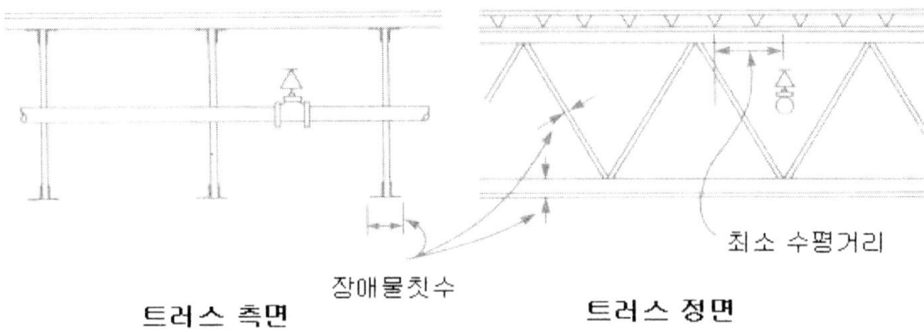

[트러스트구조에 대한 스프링클러헤드와 수평거리 예]

2. 스프링클러헤드와 그 부착면(상향식헤드의 경우에는 그 헤드의 직상부의 천장 · 반자 또는 이와 비슷한 것을 말한다. 이하 같다)과의 거리는 30 ㎝ 이하로 할 것.
3. 배관 · 행가 및 조명기구 등 살수를 방해하는 것이 있는 경우에는 제1호 및 제2호의 규정에 불구하고 그로부터 아래에 설치하여 살수에 장애가 없도록 할 것. 다만, 스프링클러헤드와 장애물과의 이격거리를 장애물 폭의 3배 이상 확보한 경우에는 그러하지 아니하다.〈개정 2008.12.15〉

해설

1. 스프링클러헤드와 그 부착면과의 거리

스프링클러헤드의 반사판과 천정 또는 반자와의 거리는 최대 30 ㎝이하로 하여야 한다. 이유는 화원으로부터 발생한 고온의 기류가 천정면 부근에 체류하여 스프링클러헤드의 감열부를 동작시키기 때문이다. 만일 이 범위를 벗어나서 스프링클러헤드를 설치하게 되면 천정으로부터 연기층이 스프링클러헤드의 감열부까지 하강하여야 비로소 스프링클러헤드가 동작되므로 화재 초기에 효과적으로 대응할 수 없게 된다. 따라서 스프링클러헤드의 하부에 장애물이 있는 경우 등 불가피한 경우를 제외하고는 스프링클러헤드의 반사판과 천정 또는 반자와의 거리는 최대 30 ㎝이하로 하여야 한다.

※ 스프링클러헤드와 그 부착면과의 거리 (NFPA 13 기준 참조)

화재안전기준에는 최소거리에 대한 기준은 명시되어 있지 아니하나 NFPA 13 기준은 최소 25 ㎜, 최대 300 ㎜이하로 명시하고 있다.

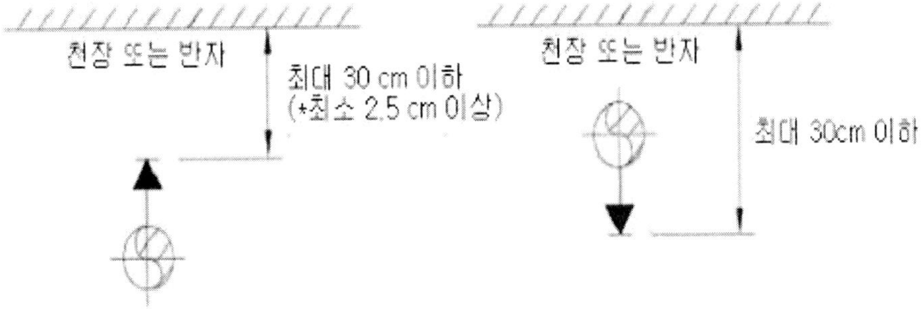

[스프링클러헤드와 그 부착면과의 거리 예]

2. 장애물이 있는 경우의 부착면과의 거리

효과적인 스프링클러헤드(감열부)의 동작을 위하여 스프링클러헤드의 반사판과 천정 또는 반자와의 거리는 최대 30 ㎝이하로 하여야 하나, 스프링클러헤드 하부의 장애물 때문에 불가피한 경우에는, 천정 또는 반자로부터 스프링클러헤드의 반사판까지의 거리를 30 ㎝이상으로 허용한다.

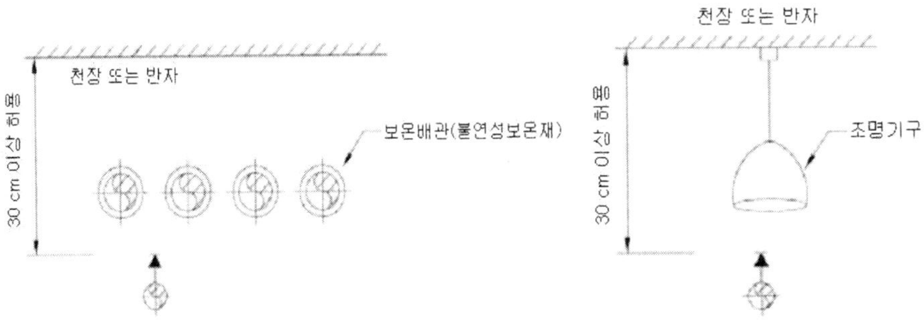

[장래물이 있는 경우 부착면과의 거리 예]

4. 스프링클러헤드의 반사판은 그 부착 면과 평행하게 설치할 것. 다만, 측벽형헤드 또는 제6호의 규정에 따른 연소할 우려가 있는 개구부에 설치하는 스프링클러헤드의 경우에는 그러하지 아니하다.

해설

1. 스프링클러헤드의 반사판(디프렉타) 위치

스프링클러헤드 반사판(디프렉타)의 위치는 평평한 지붕 또는 경사 지붕에 관계없이 부착면과 평행하게 설치하여야 부착면을 따라 형성되는 열기류에 스프링클러헤드의 감열부가 노출되어 초기에 동작할 수 있다. 그러나, 측벽형스프링클러헤드는 천정 또는 반자의 기울기와 관계없이 바닥면과 평행하게 설치하여야 한다. 연소할 우려가 있는 개구부에 설치하는 개방형 스프링클러헤드는 개구부를 집중적으로 방호할 수 있도록 개구부 주위에 설치되는 모든 스프링클러헤드가 천정, 반자 또는 바닥면과 관계없이 개구부의 중심부 및 개구부를 향해서 가장 효과적인 각도에서 살수할 수 있도록 설치한다.

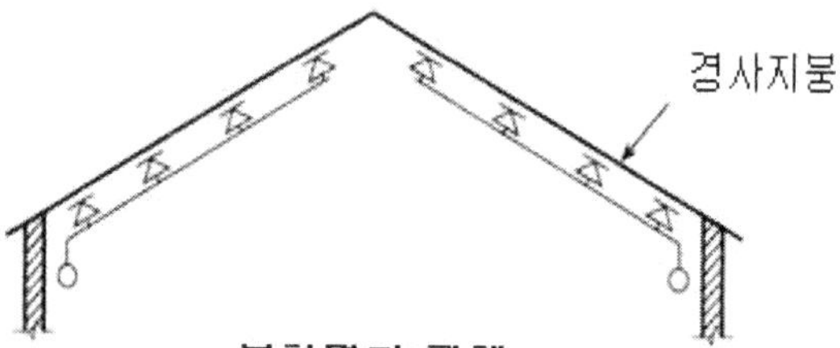

부착면과 평행

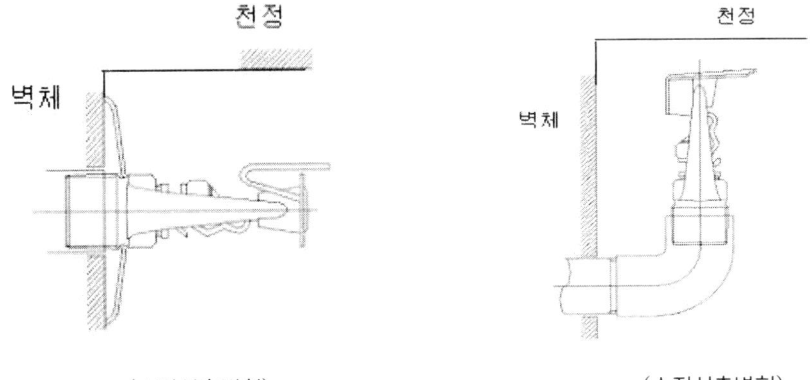

(수평식측벽형) (수직식측벽형)

[바닥면에 평행하게 설치]

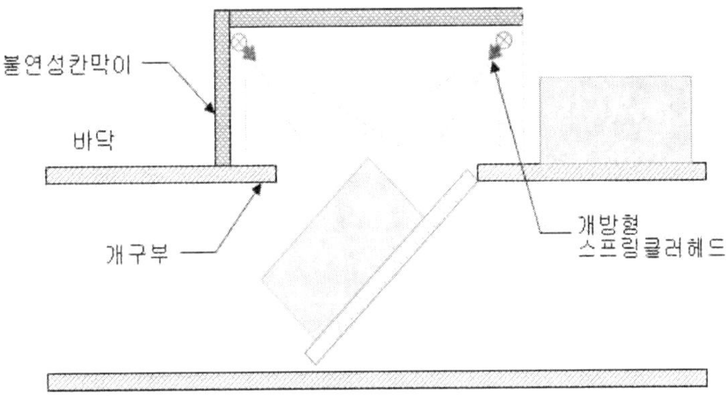

입면도

[개구부를 향하여 설치]

5. 천장의 기울기가 10분의 1을 초과하는 경우에는 가지관을 천장의 마루와 평행하게 설치하고, 스프링클러헤드는 다음 각목의 1의 기준에 적합하게 설치할 것
   가. 천장의 최상부에 스프링클러헤드를 설치하는 경우에는 최상부에 설치하는 스프링클러헤드의 반사판을 수평으로 설치할 것
   나. 천장의 최상부를 중심으로 가지관을 서로 마주보게 설치하는 경우에는 최상부의 가지관 상호간의 거리가 가지관상의 스프링클러헤드 상호간의 거리의 2분의 1이하(최소 1 m 이상이 되어야 한다)가 되게 스프링클러헤드를 설치하고, 가지관의 최상부에 설치하는 스프링클러헤드는 천장의 최상부로부터의 수직거리가 90 ㎝ 이하가 되도록 할 것. 톱날지붕, 둥근지붕 기타 이와 유사한 지붕의 경우에도 이에 준한다.

해설

1. 스프링클러헤드 설치

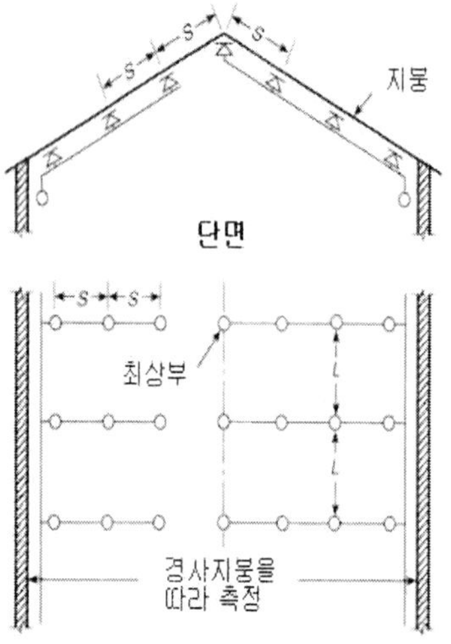

(천장의 기울기가 1/10 초과하는 경우 예)

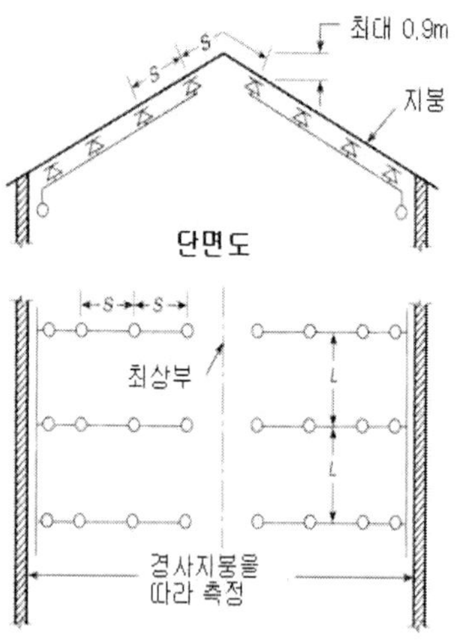

(서로 마주보는 구조의 예)

6. 연소할 우려가 있는 개구부에는 그 상하좌우에 2.5 m 간격으로(개구부의 폭이 2.5 m 이하인 경우에는 그 중앙에) 스프링클러헤드를 설치하되, 스프링클러헤드와 개구부의 내측 면으로부터 직선거리는 15 ㎝ 이하가 되도록 할 것. 이 경우 사람이 상시 출입하는 개구부로서 통행에 지장이 있는 때에는 개구부의 상부 또는 측면(개구부의 폭이 9 m 이하인 경우에 한한다)에 설치하되, 헤드 상호간의 간격은 1.2 m 이하로 설치하여야 한다.

해설

(제10조) ④항 해설참조, 제15조 ②항 해설참조)

1. 연소할 우려가 있는 개구부에 설치하는 경우

   연소할 우려가 있는 개구부라함은 각 방화구획을 관통하는 컨베이어, 에스컬레이터 또는 이와 비슷한 시설의 주위로서 방화구획이 되어 있지 않은 부분을 말한다.

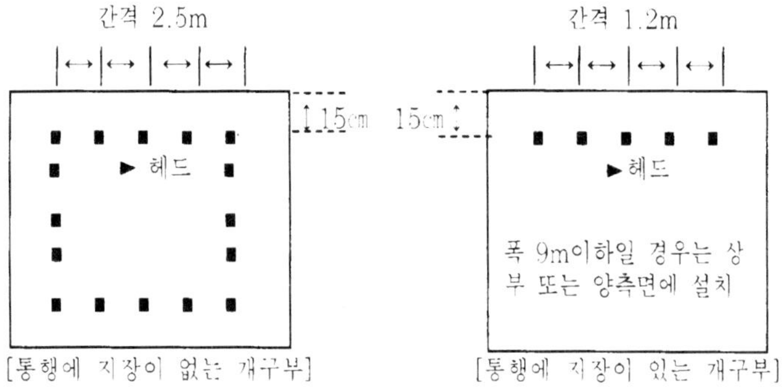

7. 습식스프링클러설비외의 설비에는 상향식스프링클러헤드를 설치할 것. 다만, 다음 각목의 1에 해당하는 경우에는 그러하지 아니하다.
   가. 드라이펜던트스프링클러헤드를 사용하는 경우
   나. 스프링클러헤드의 설치장소가 동파의 우려가 없는 곳인 경우
   다. 개방형스프링클러헤드를 사용하는 경우

해설

1. 습식스프링클러설비이외의 스프링클러설비(건식스프링클러설비 또는 준비작동식스프링클러설비)의 스프링클러헤드 설치

   하향식스프링클러헤드를 설치하면 가지배관과 스프링클러헤드사이의 배관내에 스프링클러설비 시험 등으로 인하여 물이 배수되지 못하고 잔류하면 겨울철 동파의 우려가 있다. 따라서 이를 방지하기 위하여 상향식 스프링클러헤드를 사용하여야 한다. 그러나 다음의 경우에는 예외로 한다.

   가. 드라이펜던트스프링클러헤드의 경우

   가지배관과 하향식스프링클러헤드사이의 배관 내에 ①평상 시 부동액으로 채워져 있어 동파의 우려가 없거나 ②구조적으로 물이 찰 수 없도록 제작된 헤드이다.

   나. 스프링클러헤드의 설치장소가 동파의 우려가 없는 곳

   다. 개방형스프링클러헤드를 사용하는 경우

   배관 내에 물이 채워져 있지 않다.

> 8. 측벽형스프링클러헤드를 설치하는 경우 긴 변의 한쪽 벽에 일렬로 설치(폭이 4.5 m 이상 9 m 이하인 실에 있어서는 긴변의 양쪽에 각각 일렬로 설치하되 마주보는 스프링클러헤드가 나란히꼴이 되도록 설치)하고 3.6 m 이내마다 설치할 것

해설

1. 측벽형스프링클러헤드의 경우

   가. 폭이 4.5 m미만의 경우

   긴 변의 한쪽 변에 일렬로 설치하여야 한다.

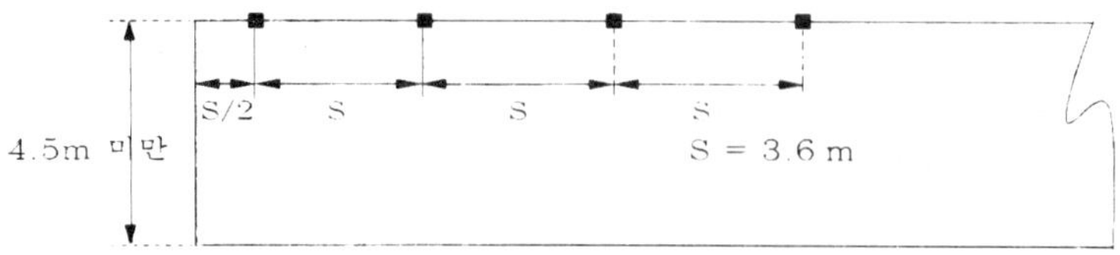

   나. 폭이 4.5 m 이상 9 m 미만의 경우

   긴 변의 양쪽에 각각 일렬로 설치하되 마주보는 스프링클러헤드가 나란히꼴이 되

도록 3.6 m마다 설치하여야 한다.

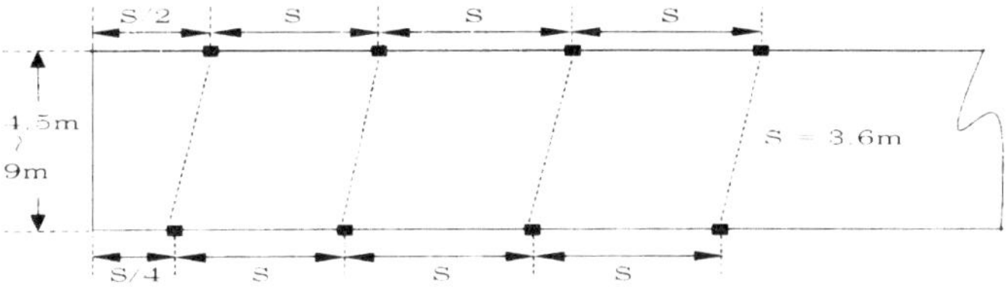

9. 상부에 설치된 헤드의 방출수에 따라 감열부에 영향을 받을 우려가 있는 헤드에는 방출수를 차단할 수 있는 유효한 차폐판을 설치할 것

해설

천장에 스프링클러헤드가 설치되어 있고 그 하부(예: 중층의 구멍뚫린 격자 밑)에 스프링클러헤드가 설치되는 경우 격자 밑에 설치된 스프링클러헤드는 천장에 설치된 스프링클러헤드의 방수로 인하여 감열부가 젖어서 동작되지 않을 수 있다. 이를 방지하기 위하여 하부에 설치되는 스프링클러헤드는 차폐판(또는 보호판)이 부착된 스프링클러헤드를 설치한다. 랙크식 창고의 랙크에 설치하는 스프링클러헤드가 대부분 해당된다.

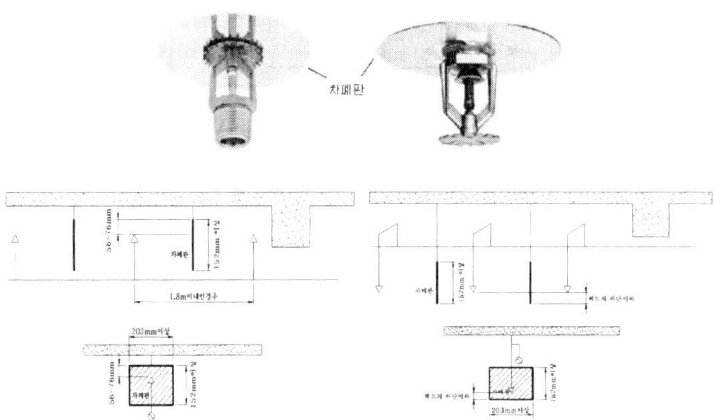

〔하향형 및 상향형 스프링클러헤드 설치시 차폐판 설치 예〕

⑧ 제7항제2호의 규정에 불구하고 소방대상물의 보와 가장 가까운 스프링클러 헤드는 다음표의 기준에 따라 설치하여야 한다. 다만, 천장 면에서 보의 하단까지의 길이가 55 ㎝를 초과하고 보의 중심으로부터 스프링클러헤드까지의 거리가 스프링클러헤드 상호간 거리의 2분의 1 이하가 되는 경우에는 스프링클러헤드와 그 부착 면과의 거리를 55 ㎝ 이하로 할 수 있다.

스프링클러헤드의 반사판 중심과 보의 수평거리	스프링클러헤드의 반사판 높이와 보의 하단 높이의 수직거리
0.75 m 미만	보의 하단보다 낮을 것
0.75 m 이상 1 m 미만	0.1 m 미만일 것
1 m 이상 1.5 m 미만	0.15 m 미만일 것
1.5 m 이상	0.3 m 미만일 것

해설

1. 보와 가까운 스프링클러헤드의 설치

가. 부착면의 보 등의 살수장애물로부터의 거리

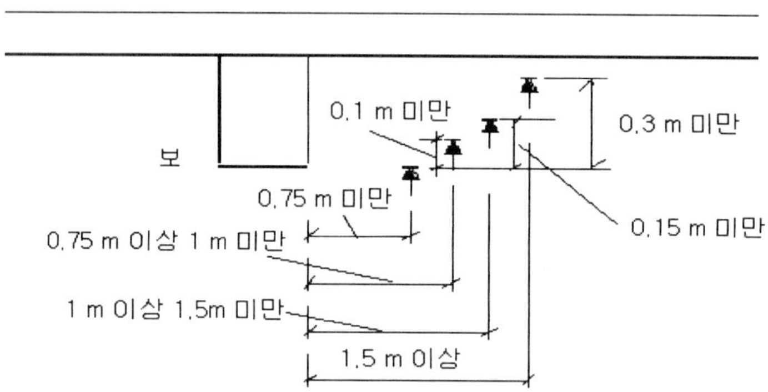

[보의 깊이 55 cm 까지의 예]

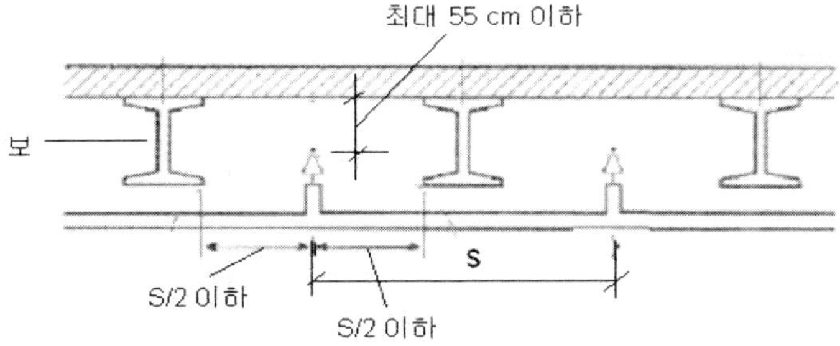

[보의 깊이가 55 cm를 초과할 경우의 예]

제11조(송수구) 스프링클러설비에는 소방차로부터 그 설비에 송수할 수 있는 송수구를 다음 각 호의 기준에 따라 설치하여야 한다.

1. 송수구는 화재 층으로부터 지면으로 떨어지는 유리창 등이 송수 및 그 밖의 소화작업에 지장을 주지 아니하는 장소에 설치할 것
2. 송수구로부터 스프링클러설비의 주배관에 이르는 연결배관에 개폐밸브를 설치한 때에는 그 개폐상태를 쉽게 확인 및 조작할 수 있는 옥외 또는 기계실 등의 장소에 설치할 것
3. 구경 65 ㎜의 쌍구형으로 할 것
4. 송수구에는 그 가까운 곳의 보기 쉬운 곳에 송수압력범위를 표시한 표지를 할 것
5. 폐쇄형스프링클러헤드를 사용하는 스프링클러설비의 송수구는 하나의 층의 바닥면적이 3,000 ㎡를 넘을 때마다 1개 이상(5개를 넘을 경우에는 5개로 한다)을 설치할 것
6. 지면으로부터 높이가 0.5 m 이상 1 m 이하의 위치에 설치할 것
7. 송수구의 가까운 부분에 자동배수밸브(또는 직경 5 ㎜의 배수공) 및 체크밸브를 설치할 것. 이 경우 자동배수밸브는 배관안의 물이 잘 빠질 수 있는 위치에 설치하되, 배수로 인하여 다른 물건 또는 장소에 피해를 주지 아니하여야 한다.
8. 송수구에는 이물질을 막기 위한 마개를 씌워야 한다.〈신설 2008.12.15〉

해설

1. 송수구의 설치위치

화재 시 완강기 등에 의한 피난자 또는 지면으로 떨어지는 유리창 등에 의해 소화작업에 지장이 없는 장소에 설치하여야하며 소방펌프자동차의 접근이 용이하여야 한다

2. 개폐밸브의 설치

송수구로부터 스프링클러설비 주 배관에 이르는 연결배관에 개폐밸브를 설치할 경우

개폐상태를 쉽게 확인할 수 있도록 옥외 또는 기계실 등의 장소에 설치하여야 한다.

3. 송수구의 구경

송수구는 호칭 65 ㎜의 쌍구형으로 설치하여야 하며 E형(노출형)과 F형(매립형)이 있다.

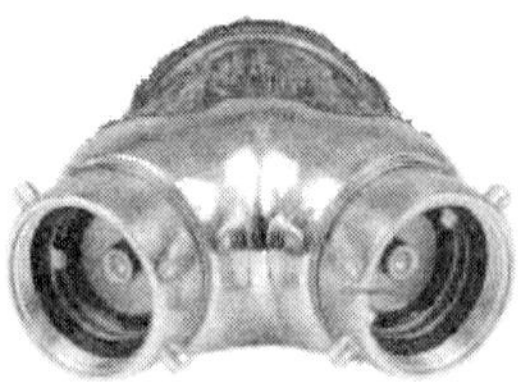

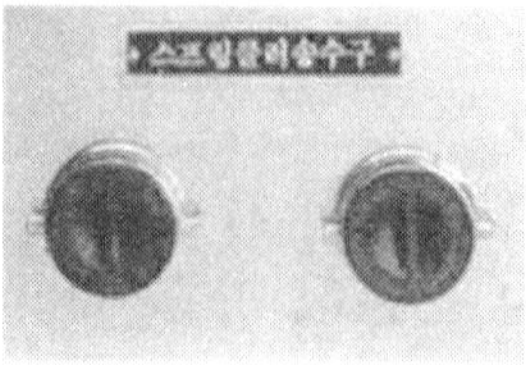

4. 송수압력의 표시

송수구 가까운 곳에 송수압력을 표시한 표지를 설치하여야 한다. 스프링클러헤드의 방수압력범위 0.1~1.2 ㎫(1.0~12 kg/㎠)이내에서 설치된 스프링클러설비의 최대 설계압력을 표시한다.

5. 폐쇄형스프링클러설비에 설치하는 송수구 및 설치위치

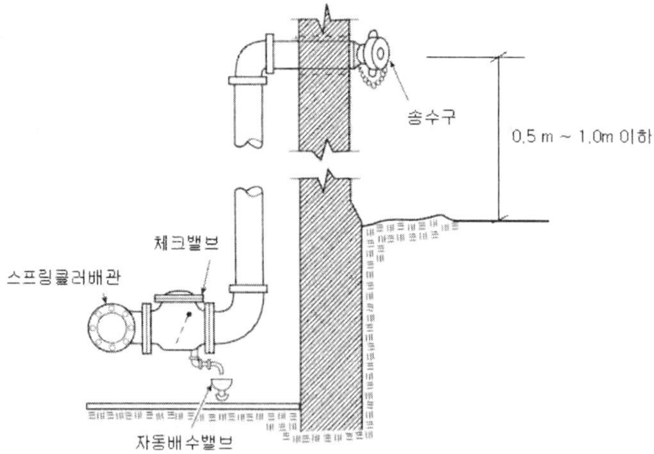

[송수구의 설치 예]

6. 자동배수밸브 및 체크밸브의 설치

자동배수밸브는 배관내의 물고임을 방지하기 위하여 설치한다.

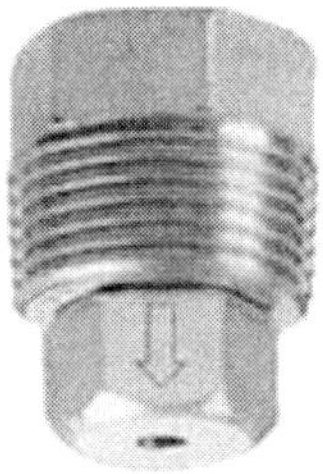

[자동배수밸브 예]

> **제12조(전원)** ① 스프링클러설비에는 다음 각호의 기준에 따른 상용전원회로의 배선을 설치하여야 한다. 다만, 가압수조방식으로서 모든 기능이 20분 이상 유효하게 지속될 수 있는 경우에는 그러하지 아니하다.〈개정 2008.12.15〉
>
> 1. 저압수전인 경우에는 인입개폐기의 직후에서 분기하여 전용배선으로 하여야 하며, 전용의 전선관에 보호 되도록 할 것
> 2. 특별고압수전 또는 고압수전일 경우에는 전력용 변압기 2차측의 주차단기 1차측에서 분기하여 전용배선으로 하되, 상용전원의 상시공급에 지장이 없을 경우에는 주차단기 2차측에서 분기하여 전용배선으로 할것. 다만, 가압송수장치의 정격입력전압이 수전전압과 같은 경우에는 제1호의 기준에 따른다.

해설

1. 상용전원의 수전방법

가. 저압 수전일 경우 인입 개폐기 직후에서 분기한 전용 배선

1) 인입선 : 특정소방대상물에 화재가 발생할 경우에도 화재로 인한 손상을 받지 않도록 설치하여야 한다.

2) 인입구배선 : 별표 1의 규정에 따른 내화배선으로 하여야 한다.

※ **부록 D-1** : 소방시설용비상전원 수전설비의 화재안전기준(NFSC 602) 소방방재청장 고시 참조

나. 특고압, 고압 수전일 경우 변압기 2차측에서 분기한 전용 배선
고압수전방식은 아래의 그림과 같다.

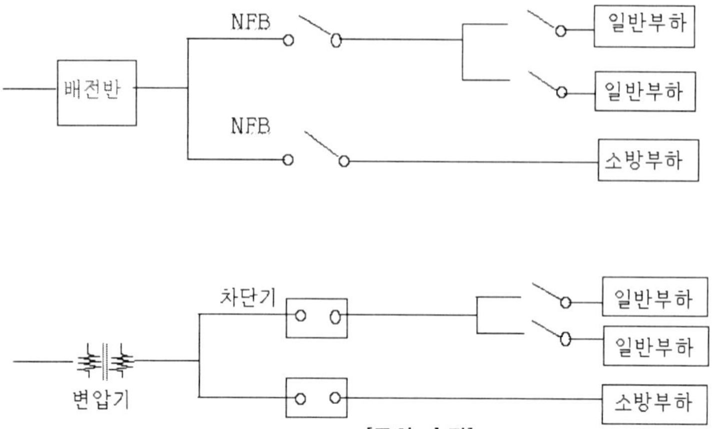

[고압 수전]

2. 소방대상물의 수전방식이란 소방대상물에서 사용되는 전력량에 따라 다음의 세 가지로 분류될 수 있다.

가. 한전용 변압기(일반적으로 전주에 설치됨)에서 전압을 감압하여 실제 사용되는전압(일반적으로 110/220 V)으로 소방대상물에 공급하는 저압수전방식으로서 일반적으로 사용되는 전력량이 적은 경우 사용 된다.

나. 교류 600 V 초과 7,000 V 이하인 경우 소방대상물 내에 소방대상물의 소유주가 변압기를 설치하여 실제 사용되는 전압으로 감압하는 고압수전방식으로서 전력량이 75 ㎾ 이상인 경우에 사용 된다.

다. 교류 7,000 V 초과인 경우는 특별고압 수전방식으로서 고압수전방식과 유사하게 건축주가 변압기를 설치하여 실제 사용되는 전압으로 강압하는 방식과 1차로 고압으로 감압하고, 2차로 실제 사용되는 전압으로 감압하는 두 가지 방식이 있다. 사용되는 전력량이 매우 많은 경우에 사용 된다.

특별고압 중에서는 154 ㎸를 수전하는 경우가 있는데 이는 건물 내에서 사용되는 전력량이 약 20,000 ㎸A 이상인 경우에 적용된다.

※ **부록 D-1** : 『소방시설용비상전원 수전설비의 화재안전기준(NFSC 602)』 참조

3. 특별고압수전설비 또는 고압수전설비를 건물의 옥내에 설치하는 경우에는 소방시설용비상전원수전설비의화재안전기준(NFSC 602)의 규정에 의거하여 전용의 방화구획 내에 설치하여야 한다. 따라서 변전실의 방화구획이 건축법상의 기준이 아니고 화재안전기준에 근거하고 있음을 알 수 있다.

② 스프링클러설비에는 자가발전설비 또는 축전지설비에 따른 비상전원을 설치하여야 한다. 다만, 차고ㆍ주차장으로서 스프링클러설비가 설치된 부분의 바닥면적(포소화설비의화재안전기준(NFSC 105) 제13제2항제2호의 규정에 따라 차고ㆍ주차장의 바닥면적을 포함한다)의 합계가 1,000 ㎡ 미만인 경우에는 비상전원수전설비로 설치할 수 있으며, 2이상의 변전소(전기사업법 제67조의 규정에 따른 변전소를 말한다. 이하 같다)에서 전력을 동시에 공급받을 수 있거나 하나의 변전소로부터 전력의 공급이 중단되는 때에는 자동으로 다른 변전소로부터 전력을 공급받을 수 있도록 상용전원을 설치한 경우와 가압수조방식에는 비상전원을 설치하지 아니할 수 있다.<개정 2008.12.15>

해설

1. 비상전원 종류

스프링클러설비의 가압송수장치 등을 20분이상 작동시킬 수 있는 용량을 가진 전원을 말하며, 그 분류는 비상전원수전설비, 자가발전설비, 축전지설비등으로 구분할 수 있다. 즉 상용전원이 정전되는 경우 비상전원으로 당해 설비를 작동할 수 있게 설치되는 전원을 말한다.

가. 비상발전설비

나. 축전지설비

엔진펌프를 사용할 경우에 엔진펌프기동용 축전지를 말한다.

2. 비상전원의 생략 가능 경우

2 이상의 변전소(전기사업법 제67조의 규정에 따른 변전소를 말한다. 이하 같다)에서 전력을 동시에 공급받을 수 있거나 하나의 변전소로부터 전력의 공급이 중단되

는 때에는 자동으로 다른 변전소로부터 전원을 공급받을 수 있도록 상용전원을 설치한 경우

가. 비상전원의 설치대상

1) 『포소화설비의 화재안전기준(NFSC 105)』제13조(전원) ② 포소화설비에는 자가발전설비 또는 축전지설비에 따른 비상전원을 설치하되, 다음 각호의 1에 해당하는 경우에는 비상전원수전설비로 설치할 수 있다. 다만, 2이상의 변전소(전기사업법 제67조의 규정에 따른 변전소를 말한다. 이하 같다)로부터 동시에 전력을 공급받을 수 있거나 하나의 변전소로부터 전력의 공급이 중단되는 때에는 자동으로 다른 변전소로부터 전력을 공급받을 수 있도록 상용전원을 설치한 경우에는 비상전원을 설치하지 아니할 수 있다.

2) 포헤드설비 또는 고정포방출설비가 설치된 부분의 바닥면적(스프링클러설비가 설치된 차고·주차장의 바닥면적을 포함한다)의 합계가 1,000 ㎡ 미만인 것

가) 전기사업법제67조(기술기준) 산업자원부장관은 전기설비의 안전관리를 위하여 필요한 기술기준(이하 "기술기준"이라 한다)을 정하여 고시하여야 한다. 이를 변경하는 경우에도 또한 같다.

나) 전기설비기술기준(제2조)

변전소	구외로부터 전송되는 전기를 구내에 시설한 변압기 · 전동발전기 · 회전변류기 · 정류기 기타의 기계기구에 의하여 변성하는 곳으로서 변성한 전기를 다시 구외로 전송하는 곳을 말한다.

다) 비상 전원의 종류는 자가 발전 설비, 축전지 설비, 비상전원용 수전설비(2 이상의 변전소 수전 등)가 있다.

3. 비상전원수전설비

별도의 전원이 있는 것이 아니라 전력회사에서 공급되는 전원이 화재 시에도 불에 타서 없어지거나 차단되지 않고 소방시설에 공급될 수 있도록 한 전원수전설비이다. 비상전원수전설비는 화재시의 안전성에 한계가 있어 스프링클러설비 설치대상 중 일부와 비상콘센트설비에서만 대체전원으로 사용할 수 있다.

가. 비상전원수전설비는 전력회사가 공급하는 사용전원을 이용하는 것으로서 소방대상물의 옥내 화재로 인한 전기회로 단락 및 과부하에 견딜 수 있는 구조를 갖춘

설비로서 특고압 또는 고압으로 전력을 공급하는 설비이다. 또한 저압으로 전력을 공급하는 것도 있으며, 이는 전선은 소방대상물의 비상전원수전설비까지의 전력인입선이 화재로부터 보호될 수 있어야 하므로 지중선으로 인입시키는 것이 바람직하며, 부득이 가공으로 인입한 경우에는 소방대상물의 개구부에 직접적으로 면하지 않는 장소로 인입시키는 것이 좋다.

나. 설치장소는 불연재료로 된 벽, 기둥, 바닥 및 천장으로 구획되고 창, 출입구등은 갑종 또는 을종 방화문으로 되어 있어야 한다, 옥외(옥상 등)에 설치할 경우는 건축물·공작물로부터 3 m이상의 이격거리를 두고 설치하여야 한다.

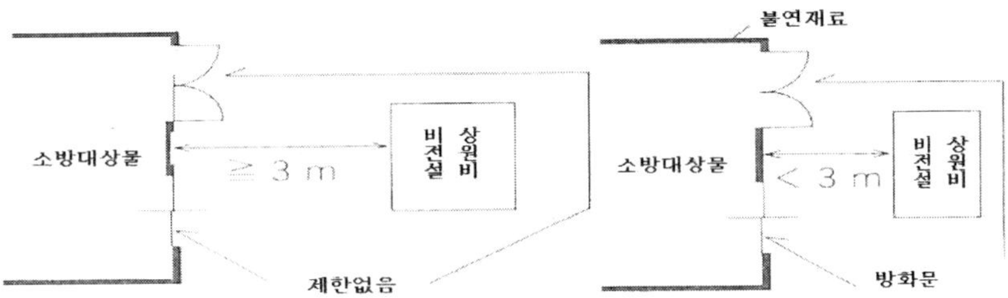

〔비상전원설비 설치 예〕

> ③ 제2항의 규정에 따라 비상전원 중 자가발전설비 또는 축전지설비(내연기관에 따른 펌프를 설치한 경우에는 내연기관의 기동 및 제어용축전지를 말한다)는 다음 각호의 기준을, 비상전원수전설비는 소방시설용비상전원수전설비의화재안전기준(NFSC 602)에 따라 설치하여야 한다.

해설

1. 비상전원의 종류를 자가발전설비인 발전기(일반적으로 디젤엔진을 사용한다) 또는 열병합발전설비로 제한하는 기준이다.

2. 소방시설의 비상전원

가. 비상전원

1) 상용전원이 정전된 경우에도 소방설비 등이 정상적으로 작동할 수 있도록 설치하는 전원

나. 비상전원의 종류

1) 자가발전설비 : 내연기관의 구동에 의한 발전기의 작동에 의하여 전력을 공급할 수 있는 설비

2) 축전지설비 : 순간적인 전력 공급에 신뢰도가 큰 비상전원

3) 비상전원전용수전설비

가) 2이상의 변전소에서 상용의 전력을 동시에 공급 받을 수 있는 경우

나) 하나의 변전소로 부터의 전력 공급이 중단되면 자동으로 다른 변전소의 전력이 공급되는 경우

※ 큐비클식 설비 : 수전장치(전력수급용 계기용변성기, 주차단장치, 부속장치)와 기타의 기기 및 배선을 하나의 상자에 수납 한 것

3. 축전지설비

축전지설비는 엄밀한 의미에서 비상전원이라기 보다는 엔진구동 소화펌프용 기동 및 제어용이기 때문에 화재 시 손상될 수 있는 상용전원을 대신하는 비상전원의 의미와는 다소 상이한 점이 있다.

구 분	연축전지	알칼리축전지
기전력	2.05-2.08 V	1.32 V
공칭전압	2.0 V	1.2 V
전기적 강도	10시간 방전율	5시간 방전율
기계적 강도	약하다	강하다
충전시간	길다	짧다
온도특성	뒤떨어진다.	우수하다
수명	10-20년	30년 이상
가격	싸다	비싸다
자가방전	보통	약간 작은 편이다

4. 엔진구동 소화펌프

엔진구동 소화펌프는 화재 시 전원을 사용할 필요 없이 소화펌프를 구동시킬 수 있는 장치이므로 미국 등 선진국에서는 권장되고 있는 방식이다.

5. 자가발전설비 또는 축전지설비 설치조건

가. 점검에 편리, 화재 및 침수 등의 재해로 인한 피해를 받을 우려가 없는 장소

나. 20분 이상 설비를 작동 가능한 용량

다. 상용 전원 차단 시 자동 절환 가능

라. 설치 장소의 타 부분과 방화구획, 실내에 조명등 설치

6. 자가발전설비 및 축전지설비 설치장소

가. 자가발전설비 : 발전기를 회전시키는 엔진(디젤 또는 가솔린 등)을 사용하고 있으며, 상용전원이 정전되거나 긴급사항으로 인한 전원공급이 되지 않을 때에 즉시 작동하여 전원을 발생하여 소방대상물의 일정 필요량을 비상전원을 확보하여 주는 설비이다. 또한 자체적으로 발전설비를 하여 상용전원이 차단되면 자동으로 전원이 공급될 수 있도록 한 설비이다. 일반적으로 옥내소화전설비 스프링클러설비와 같이 대용량을 필요로 하는 설비에서 사용된다.

1) 설치위치

가) 자가발전설비의 기기의 반·출입 및 운전·보수가 편리할 것

나) 발전엔진 배기 배출구가 가까울 것

다) 급수, 배수가 용이할 것

라) 발전기의 연료보급이 용이할 것

마) 변전실에 가까울 것

바) 실내 환기를 잘 될 것

2) 자가발전설비 실의 구조

가) 내화, 방음, 방진설비를 할 것

나) 발전기의 기초는 발전기 중량의 5배 정도의 콘크리트를 바닥과 바닥면과는 절연 장치를 하고 방진재료를 사용할 것

다) 주위온도를 5 ℃이상으로 유지(엔진시동 곤란 및 규정출력 미달 우려)

라) 비상사태 발생 후 10초 이내에 작동하고 정격전압을 유지하고, 30분 이상 전력공급이 가능할 것

3) 자가발전기 용량 : 보통 수전설비 용량의 20 % 정도로 유지하여야 한다.

나. 축전지설비 : 상용전원이 정전되거나 긴급사항으로 인한 전원공급이 되지

않을 때에 즉시 작동하여 전원을 발생하여 소방대상물의 일정 필요량을 비상전원을 확보하여 주는 설비이며 주로 정격전원이 공급될 때 까지 중간전원으로 많이 사용되는 기동용 축전지에 상시 충전되었다가 사용되는 것이다. 또한 평상시에는 상용전원으로부터 전기를 공급받아 축전하고 있다가 상용전원이 차단되면 자동으로 전원이 공급될 수 있도록 한 설비로서 자동화재탐지설비의 수신기 감시제어반 유도등과 같이 소용량에 사용된다.

1) 축전지설비의 위치, 장소 및 수명

가) 충전기는 가급적 부하(즉시 작동시키는 장치)에 가까워야 한다.

나) 화재경보장치, 유도등, 전기시계, 통신용 제어조작 등에 사용하며, 정전 후 충전하지 않고 30분 이상 방전할 수 있어야 한다.

다) 정격용량의 80 %로 용량이 감소하였을 때 정밀점검 실시

2) 축전지설비의 배치 예

가) 축전지와 입구 사이의 간격 : 2.6 m이상

나) 천장높이 : 2.6 m이상

다) 축전지와 벽면과의 간격 : 1 m이상

라) 축전지와 보수하지 않는 쪽의 벽면과의 간격 : 0.1 m이상

마) 축전지와 부속 기기 사이의 간격 : 1 m이상

3) 축전지설비의 설치 시 주의사항

가) 전기 배선은 비닐선을 사용한다.

나) 충전 중 수소가스의 발생이 있으므로 배기설비가 필요하다.

다) 실내에 급. 배수시설을 한다.

라) 내진성을 고려하여야 한다.

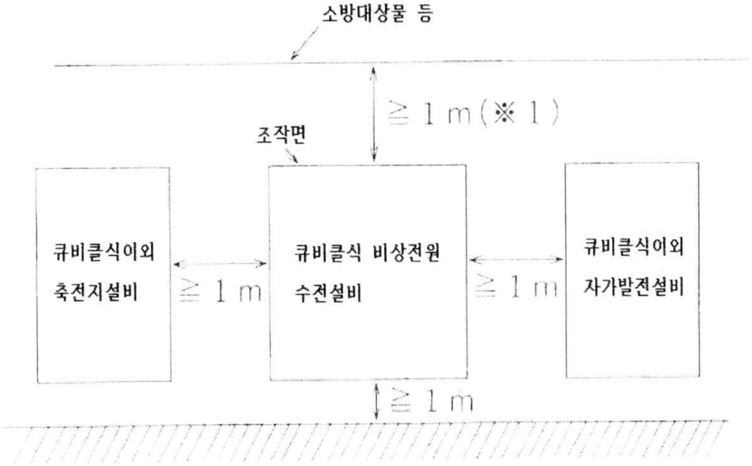

〔자가발전설비 및 축전지설비 설치장소〕

〈소방시설의 비상전원〉

소방시설	비상전원 설치 대상	설치방법			비　　고
		자	축	비	
옥내소화전설비	■ 7층 이상으로서 2,000 ㎡ 이상 ■ 지층면적 3,000 ㎡이상	○	○	○	설비용량:20분 이상
스프링클러설비	■ 차고, 주차장 1,000 ㎡ 미만 시 ■ 위 외의 모든 설비	○ ○	○ ○	○ ×	비상전원수전설비 : 고시
물분무설비	■ 모든 설비	○	○	×	
포설비	■ 1,000 ㎡미만의 설비 및 차고, 주차장의 이동식 설비 ■ 위 외의 모든 설비	○ ○	○ ○	○ ×	비상전원수전설비 : 고시
CO_2, 분말, Halon 설비	■ 모든 설비 (호스릴설비 제외)	○	○	×	호스릴설비: 비상전원 해당 없음
옥외소화전설비					비상전원 해당 없음
자동화재 탐지설비	■ 모든 설비	×	○	×	설비용량 감시상태 60분 지속 후 10분 이상 경보
비상방송 설비	■ 모든 설비	×	○	×	상 동
유도등	■ 모든 설비	×	○	×	
비상조명등	■ 모든 설비	○	○	×	예비전원을 내장할 경우 예외
제연설비	■ 모든 설비	○	○	×	
연결송수관설비	■ 가압송수장치 설치 시	○	○	×	
비상콘센트설비	■ 7층 이상으로서 2,000 ㎡ 이상 ■ 지층면적 3,000 ㎡ 이상	○	○	○	비상전원수전설비 : 고시
무선통신 보조설비	■ 증폭기에 비상전원 부착	○	○	○	설비용량 : 30분 이상

■ 자 : 자가발전설비, 축 : 축전지설비, 비 : 비상전원수전설비
■ ○ : 선택가능, × : 선택할 수 없음

1. 점검에 편리하고 화재 및 침수 등의 재해로 인한 피해를 받을 우려가 없는 곳에 설치할 것

해설

1. 점검에 편리한 장소

   점검자가 특별한 도구를 이용하여야만 출입할 수 있는 경우를 제외하며, 또한 장치 주변에 점검을 위한 충분한 공간이 확보된 경우를 말한다.

2. 화재로 인한 피해를 받을 우려가 없는 곳

   당해 실에서의 화재가 다른 실로 확대되거나 다른 실의 화재가 당해 실로 확대되기 어려운 장소를 의미한다.

3. 침수 등의 재해로 인한 피해를 받을 우려가 없는 곳

   만약 건물의 최하층에 비상전원설비를 설치하는 경우에는 그 실의 바닥면보다 낮은 위치에 SUMP PIT 등을 설치하는 등의 조치를 취하는 것을 의미하는 것이지 비상전원의 설치장소를 지하층에는 안 되고 반드시 지상층에 설치하여야 한다는 것은 아니다.

2. 스프링클러설비를 유효하게 20분 이상 작동할 수 있어야 할 것 3. 상용전원으로부터 전력의 공급이 중단된 때에는 자동으로 비상전원으로부터 전력을 공급받을 수 있도록 할 것

해설

1. 비상전원의 용량

   비상전원의 용량을 규정하는 것으로 소화펌프를 구동시키는 전동기에 대하여 전 부하로 운전하는 경우에 20분 이상 작동할 수 있도록 정격출력 및 연료량을 확보하라는 의미이다.

2. 자동비상전원 전환

   자동으로 비상전원으로 전환하는데에는 자동전환스위치(Automatic Transfer Switch)가 주로 사용된다.

4. 비상전원(내연기관의 기동 및 제어용 축전기를 제외한다)의 설치장소는 다른 장소와 방화구획 할 것. 이 경우 그 장소에는 비상전원의 공급에 필요한 기구나 설비외의 것(열병합발전설비에 필요한 기구나 설비는 제외한다)을 두어서는 아니 된다.〈개정 2008.12.15〉

해설

1. 발전기실(옥내소화전설비용 비상전원설비 설치 장소)의 방화구획은 건축법상의 기준이 아니라 이 기준에 근거하는 것이다.
2. 괄호안의 단서조항은 비상전원으로서 열병합발전설비를 허용한다는 것을 의미한다.
   가. 열병합발전설비는 소규모인 경우 가스엔진·가솔린엔진 또는 디젤엔진을 이용하며, 대규모인 경우 증기터빈을 이용하는 등 다양하다. 이러한 열병합발전을 위하여 필요한 기구나 설비는 발전설비 실에 둘 수 있도록 완화하고 있는 규정이다.

5. 비상전원을 실내에 설치하는 때에는 그 실내에 비상조명등을 설치할 것

해설

1. 비상조명등 설치

   비상전원이 설치된 실내에는 축전지가 내장된 비상조명등을 설치하라는 것이다. 왜냐하면 상용전원이 정전되어 발전기를 기동시켜야 하는데 만약 발전기에 문제가 있는 경우에 이를 해결하기 위해서는 조명시설이 필요하기 때문이다.

제13조(제어반) ① 스프링클러설비에는 제어반을 설치하되, 감시제어반과 동력제어반으로 구분하여 설치하여야 한다. 다만, 다음 각호의 1에 해당하는 경우에는 감시제어반과 동력제어반으로 구분하여 설치하지 아니할 수 있다.

해설

1. 제어반

   스프링클러설비에는 제어반을 설치하여야 하며 제어반에는 스프링클러설비의 제어·감시 및 조작 등을 감시하기 위한 감시제어반과 동력의 공급·차단·예비전원으로 전환

및 감시등을 위한 동력제어반이 있으며, 이 둘은 구분하여 설치하여야 한다. 특히 가압송수장치(펌프)는 일반적으로 전동기에 펌프를 직결하여 설비에서 필요한 소요유량 및 필요압력을 얻을 수 있도록 설계되어야 한다.

2. 감시제어반

소화설비용 수신반으로서 감시 및 제어기능이 있는 것을 말하며, 일반적으로 소방시설들을 집중, 감시하는 별도장소에 설치된다. 이러한 장소를 일반적으로 방재센터라고 부른다. 수신기의 형식승인 및 검정기술기준(KOFEIS 0304)에서 정하는 구조 및 성능의 제품을 사용하여야 한다.

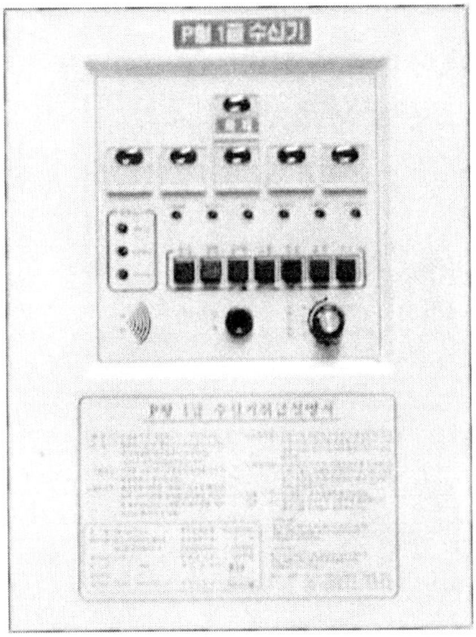

〔수신기의 예〕

3. 동력제어반

동력제어반이라 함은 속칭 MCC panel로서 MCC는 Motor Control Center의 약어로서 각종 동력장치의 감시 및 제어기능이 있는 것을 말하며 일반적으로 소화펌프의 직근에 설치된다.

> 1. 다음 각목의 1에 해당하지 아니하는 소방대상물에 설치되는 스프링클러설비
> 가. 지하층을 제외한 층수가 7층 이상으로서 연면적이 2,000 ㎡ 이상인 것
> 나. 제1호에 해당하지 아니하는 소방대상물로서 지하층의 바닥면적의 합계가 3,000 ㎡ 이상인 것. 다만, 차고 · 주차장 또는 보일러실 · 기계실 · 전기실 등 이와 유사한 장소의 면적은 제외한다.
> 2. 내연기관에 따른 가압송수장치를 사용하는 스프링클러설비
> 3. 고가수조에 따른 가압송수장치를 사용하는 스프링클러설비
> 4. 가압수조에 따른 가압송수장치를 사용하는 스프링클러설비〈신설 2008.12.15〉

해설

1. 비상전원의 설치대상이 아닌 소방대상물의 경우에는 감시제어반과 동력제어반을 구분하지 않고 하나로 설치할 수 있다는 의미이다.
2. 내연기관을 가압송수장치로 사용하는 경우에는 감시제어반과 동력제어반을 구분하지 않고 하나로 설치할 수 있다는 의미이다.
3. 고가수조를 가압송수장치로 사용하는 경우에는 별도의 동력이 필요하지 않기 때문에 상기 기준을 적용하지 않을 수 있도록 예외규정을 둔 것이다.

> ② 감시제어반의 기능은 다음 각호의 기준에 적합하여야 한다. 다만, 제1항 각호의 1에 해당하는 경우에는 제3호 및 제5호의 규정을 적용하지 아니한다.

해설

1. 감시제어반 설치

감시제어반은 소방시설 성능 및 기능 점검 시 또는 화재 발생 시에 자동으로 가압송수장치(펌프)가 작동하지 않거나 수동으로 가압송수장치(펌프)를 작동할 필요가 있는 경우에는 소방대상물의 관계자 또는 소방관서 공무원이 감시제어반에서 가압송수장치(펌프)를 임의로 작동하여 소화설비에 필요한 방수량 및 방수압력이 확보되어 있는 지를 확인하고 화재진압을 위해 감시제어반을 설치하도록 하고 있다. 따라서 감시제어반의 설치장소 및 설치요건 등은 화재 및 침수 피해가 없는 장소에 설치하고 화재 시에도 감시제어반의 조작이 가능하도록 규정하고 있다.

수장치를 사용하는 것을 말한다. 이 경우에는 제3호와 제6호를 적용하지 않는다는

의미이다.

1. 각 펌프의 작동여부를 확인할 수 있는 표시등 및 음향경보기능이 있어야 할 것

해설

1. 표시등

   표시등에는 두 종류가 있다. 예를 들어 펌프가 정지상태에 있는 경우에는 녹색램프가 점등되고 펌프가 가동되는 경우에는 적색램프가 점등된다.

2. 음향경보기능 방식

   음향경보방식으로는 펌프 가동 시 부저를 작동시키는 방법 등이 있다.

2. 각 펌프를 자동 및 수동으로 작동시키거나 작동을 중단시킬 수 있어야 한다. 〈개정 2008.12.15〉

해설

1. 펌프의 자동작동 방식

   배관내의 압력을 감지하여 일정압력이하로 떨어지게 되면 충압펌프를 작동시켜 감소된 압력을 보충하고 충압펌프에 의해 보충이 불가능한 경우에는 주펌프가 자동으로 작동되어 압력을 보충하는 방식이다.

2. 수동작동 방식

   가. 감시제어반에 설치된 수동조작스위치를 이용하여 펌프를 작동하는 방식

   나. 옥내소화전 함에 설치된 기동용 스위치를 이용하여 펌프를 작동하는 방식

3. 비상전원을 설치한 경우에는 상용전원 및 비상전원의 공급여부를 확인할 수 있어야 할 것〈개정 2008.12.15〉

해설

1. 상용전원 및 비상전원의 공급 여부

녹색 LED, 적색 LED를 이용하여 확인할 수 있도록 하며, 상용전원 정전 시에는 ATS를 이용하여 자동으로 전환되며, 수동 스위치를 이용하여 비상전원으로 전환이 가능하도록 하고 있다.

4. 수조 또는 물올림탱크가 저수위로 될 때 표시등 및 음향으로 경보할 것

해설

1. 일반적으로 수조 또는 물올림탱크가 저수위로 될 때 적색 LED 램프가 점등되며, 부저가 경보를 발하게 된다.

5. 예비전원이 확보되고 예비전원의 적합여부를 시험할 수 있어야 할 것

해설

1. 감시제어반에서의 예비전원

   감시제어반에 내장되어 있는 비상용 배터리를 말한다. 이 예비전원의 적합여부는 시험스위치를 누른 후 전압계를 확인하면 가능하다.

③ 감시제어반은 다음 각호의 기준에 따라 설치하여야 한다. 1. 화재 및 침수 등의 재해로 인한 피해를 받을 우려가 없는 곳에 설치할 것

해설

1. 화재피해 방지

   화재피해를 방지하기 위해 방화구획 된 실에 설치하여야 하며, 침수 등의 재해를 방지하기 위하여는 건물의 최저층 이외의 층에 설치하여야 한다.

2. 감시제어반은 스프링클러설비의 전용으로 할 것. 다만, 스프링클러설비의 제어에 지장이 없는 경우에는 다른 설비와 겸용할 수 있다.

해설

1. 감시제어반

스프링클러설비의 감시제어반을 전용으로 하는 경우는 대부분 없으며 일반적으로는 자동화재탐지설비의 수신기와 옥내소화전설비 감시제어반 등 다른 설비와 겸용하고 있다.

> 3. 감시제어반은 다음 각목의 기준에 따른 전용실안에 설치할 것. 다만, 제1항 각호의 1에 해당하는 경우와 공장, 발전소 등에서 설비를 집중 제어 · 운전할 목적으로 설치하는 중앙제어실내에 감시제어반을 설치하는 경우에는 그러하지 아니하다.

해설

1. 제1항 각호의 1에 해당하는 경우

비상전원의 설치대상이 아닌 경우, 내연기관을 가압송수장치를 사용하는 경우 및 고가수조를 가압송수장치를 사용하는 것을 말한다.

2. 공장, 발전소 등에서 설비를 집중 제어·운전할 목적으로 설치하는 중앙제어실 내에 감시제어반을 설치하는 경우

전용실이 아니어도 가능하다는 의미이다.

3. 일반적으로 방재센터라는 용어로서 유지관리의 편리성 및 유지관리 인원의 최소화를 위하여 설비 및 전기 감시반과 공용으로 사용하고 있다.

> 가. 다른 부분과 방화구획을 할 것. 이 경우 전용실의 벽에는 기계실 또는 전기실 등의 감시를 위하여 두께 7 ㎜ 이상의 망입유리(두께 16.3 ㎜ 이상의 접합유리 또는 두께 28 ㎜ 이상의 복층유리를 포함한다)로 된 4 ㎡ 미만의 붙박이창을 설치할 수 있다.

해설

1. 이 규정은 방재센터의 방화구획을 규정하는 것이다. 만약 단서조항의 규정을 충족하지 못하는 경우에는 방화구획을 위하여 자동방화셔터를 설치하는 경우도 있다.

> 나. 피난층 또는 지하 1층에 설치할 것. 다만, 다음의 1에 해당하는 경우에는 지상 2층에 설치하거나 지하 1층 외의 지하층에 설치할 수 있다.
> (1) 건축법시행령 제35조의 규정에 따라 특별피난계단이 설치되고 그 계단(부속실을 포함한다) 출입구로부터 보행거리 5 m이내에 전용실의 출입구가 있는 경우
> (2) 아파트의 관리동(관리동이 없는 경우에는 경비실)에 설치하는 경우

해설

1. 특별피난계단의 출입구 중앙부로부터 전용실 출입구의 중앙부까지의 거리가 5미터 이내로 해석하는 것이 바람직하다.
2. 만약 전용실 출입문을 열고 계단을 올라가서 전용실의 바닥이 나오는 경우 이 계단이 다른 용도와 연결되어 있지 않다면 보행거리 계산에서 제외될 수 있다.

※ 건축법시행령 제35조(피난계단의 설치〈개정 2010.8.17〉)

제35조(피난계단의 설치) ① 법 제49조제1항에 따라 5층 이상 또는 지하 2층 이하인 층에 설치하는 직통계단은 국토해양부령으로 정하는 기준에 따라 피난계단 또는 특별피난계단으로 설치하여야 한다. 다만, 건축물의 주요구조부가 내화구조 또는 불연재료로 되어 있는 경우로서 다음 각 호의 어느 하나에 해당하는 경우에는 그러하지 아니하다. 〈개정 2008.10.29〉

1. 5층 이상인 층의 바닥면적의 합계가 200제곱미터 이하인 경우
2. 5층 이상인 층의 바닥면적 200제곱미터 이내마다 방화구획이 되어 있는 경우

② 건축물(갓복도식 공동주택은 제외한다)의 11층(공동주택의 경우에는 16층) 이상인 층(바닥면적이 400제곱미터 미만인 층은 제외한다) 또는 지하 3층 이하인 층(바닥면적이 400제곱미터미만인 층은 제외한다)으로부터 피난층 또는 지상으로 통하는 직통계단은 제1항에도 불구하고 특별피난계단으로 설치하여야 한다. 〈개정 2008.10.29〉

③ 제1항에서 판매시설의 용도로 쓰는 층으로부터의 직통계단은 그 중 1개소 이상을 특별피난계단으로 설치하여야 한다. 〈개정 2008.10.29〉

④ 삭제 〈1995.12.30〉

⑤ 건축물의 5층 이상인 층으로서 문화 및 집회시설 중 전시장 또는 동·식물원, 판매시설, 운수시설(여객용 시설만 해당한다), 운동시설, 위락시설, 관광휴게시설(다

중이 이용하는 시설만 해당한다) 또는 수련시설 중 생활권 수련시설의 용도로 쓰는 층에는 제34조에 따른 직통계단 외에 그 층의 해당 용도로 쓰는 바닥면적의 합계가 2천 제곱미터를 넘는 경우에는 그 넘는 2천 제곱미터 이내마다 1개소의 피난계단 또는 특별피난계단(4층 이하의 층에는 쓰지 아니하는 피난계단 또는 특별피난계단만 해당한다)을 설치하여야 한다. 〈개정 2008.10.29, 2009.7.16〉

⑥ 삭제 〈1999.4.30〉

다. 비상조명등 및 급 · 배기설비를 설치할 것

해설

1. 이 규정에서의 급·배기설비는 근무자를 위한 쾌적한 환경을 제공하기 위한 공조설비를 의미하는 것으로서 제연설비를 의미하는 것은 아니다.

라. 무선통신보조설비의화재안전기준(NFSC 505) 제6조의 규정에 따른 무선기기 접속단자(영 별표 4 소화활동설비의 소방시설 적용기준란 제5호의 규정에 따른 무선통신보조설비가 설치된 특정소방대상물에 한한다)를 설치할 것

해설

1. 누설동축케이블 방식의 경우

이 규정에 의한 접속단자를 반드시 설치하여야 하나, 공중선방식인 경우에는 접속단자의 설치가 필요하지 않다.

※ 무선통신보조설비의화재안전기준(NFSC 505)제6조(무선기기 접속단자)

무선기기 접속단자는 다음 각호의 기준에 따라 설치하여야 한다. 다만, 전파법 제46조의 규정에 따른 형식검정을 받은 무선이동중계기를 설치하는 경우에는 그러하지 아니하다.

1. 지상에서 유효하게 소방활동을 할 수 있는 장소 또는 수위실 등 상시 사람이 근무하고 있는 장소에 설치할 것
2. 단자는 한국산업규격에 적합한 것으로 하고, 바닥으로부터 높이 0.8 m 이상 1.5 m

이하의 위치에 설치할 것

3. 지상에 설치하는 접속단자는 보행거리 300 m 이내마다 설치하고, 다른 용도로 사용되는 접속단지에서 5 m 이상의 거리를 둘 것
4. 지상에 설치하는 단자를 보호하기 위하여 견고하고 함부로 개폐할 수 없는 구조의 보호함을 설치하고, 먼지·습기 및 부식등에 따라 영향을 받지 아니하도록 조치할 것
5. 단자의 보호함의 표면에 "무선기 접속단자"라고 표시한 표지를 할 것

[별표 4] 특정소방대상물의 관계인이 특정소방대상물의 규모·용도 및 수용인원 등을 고려하여 갖추어야 하는 소방시설등의 종류(제15조관련)

소방시설등의 종류	소방시설 적용기준
소화활동설비	5. 무선통신보조설비를 설치하여야 하는 특정소방대상물(가스시설을 제외한다)은 다음 각목의 1과 같다. 가. 지하가(터널을 제외한다)로서 연면적 1천제곱미터 이상인 것 나. 지하층의 바닥면적의 합계가 3천제곱미터 이상인 것 또는 지하층의 층수가 3개층 이상이고 지하층의 바닥면적의 합계가 1천제곱미터 이상인 것은 지하층의 전층 다. 지하가 중 터널로서 길이가 5백미터 이상인 것 라. 지하구로서 국토의계획및이용에관한법률 제2조제9의 규정에 의한 공동구

마. 바닥면적은 감시제어반의 설치에 필요한 면적 외에 화재 시 소방대원이 그 감시제어반의 조작에 필요한 최소면적 이상으로 할 것

해설

1. 소방대원의 이용

화재시 소방대원의 활동에 필요한 면적공간으로 무선통신보조설비의 접속, 비상발전기 제어.조작 등과 같은 활동의 거점이 된다.

4. 제3호의 규정에 따른 전용실에는 소방대상물의 기계 · 기구 또는 시설 등의 제어 및 감시설비 외의 것을 두지 아니할 것

해설

1. 전용실

감시제어실을 전용으로 설치하는 경우에 한하여 기타 설비를 두지 않도록 한 것이며, 만약 기계설비나 전기설비 등의 감시반을 동일 실에 설치하는 경우에는 예외이다.

5. 각 유수검지장치 또는 일제개방밸브의 작동여부를 확인할 수 있는 표시 및 경보기능이 있도록 할 것

해설

1. 스프링클러헤드 개방에 따른 배관내의 유수와 압력변동에 의해 벨·부저·사이렌·경종 등의 음향경보를 발하여 화재발생을 알리고, 동시에 작동표시를 하는 것으로서 발신부는 유수검지장치 또는 압력검지장치와 연결되고 수신부는 표시장치와 음향경보로 구성되어 있도록 하는 규정이다.

※ 유의사항

가) 유수신호의 회로에 신호정지용밸브가 있는 경우 개폐가 유지될 수 있는지 확인표시

나) 말단시험밸브, 일제개방밸브 또는 시험밸브(친자밸브(親子弁)라고도 하며 시험용부분과 배수밸브부분을 병용하는 타입)의 조작에 의해 펌프기동, 화재표시, 경보장치의 작동 등이 확실하게 이루어지는지 확인표시

다) 수신부의 화재표시 점등은 점검하는 층, 방수구역(방사구역)과 일치하는지 확인표시

라) 말단시험밸브, 일제개방밸브 또는 시험밸브를 전폐한 경우, 혹은 동시에 수신부의 복구조작을 한 경우 화재표시의 소등 및 음향경보장치의 정지가 확실하게 이루어지는지 확인표시

마) 해당 유수검지장치와 관계되는 배관에 다량의 잔류공기가 존재하여 당해장치의 작동성능에 악영향을 주는 것이 있는지 유의하여야 한다.

6. 일제개방밸브를 개방시킬 수 있는 수동조작스위치를 설치할 것

해설

보통 무대부에 사용하는 일제개방밸브는 화재상황을 사람에 의해 확인한 뒤에 소화효과가 가장 높은 방수구역을 선택하여 수동기동밸브를 개방하는 방법을 선택하고 있다. 이것은 화재감지와 방수동작이 연결되어 일어나는 경우 무대부와 같이 천장이 높은 구획의 경우는 화재시의 열 기류가 화원 바로 위에 도달하는 것은 기대할 수 없고 비 화재구역에서 방수되는 등 오히려 피해가 확대될 우려가 있어 수동조작으로 하는 것이다.

무대부가 자동화재탐지설비로 감시되고 있는 경우와 화재 시 조작가능한 사람이 상주하고 있는 경우에는 사용할 수 있도록 하고 있다. 무대부에는 겹무대가 있는 큰 무대 등 여러 가지가 있지만 수동기동밸브는 화재 시에 용이하게 접근 가능한 부분의 2개소(보통 위쪽과 아래쪽)에 설치할 필요가 있다. 이것은 일제개방밸브마다 2개소에 설치하는 것으로서 방수구역 수가 많음에 따라 수동기동밸브의 수도 증가한다. 배관은 주 배관으로부터 분기되어 2개소의 수동기동밸브로 접속한 후에 각각의 일제개방밸브에 접속된다. 구경은 이러한 배관(용적)에 따라 결정하게 되지만 방수구역 수가 많고 대형무대에는 일제개방밸브에 가하여지는 압력이 배관손실에 의한 저하가 지나치지 않도록 25 ㎜이상의 구경으로 한다. 소규모의 무대에서는 15 ㎜이상의 구경으로 하는 것이 많다. 또한 수동기동밸브는 조작자의 실수나 장난을 방지하기 위해 반드시 2조작에 의하여 일제개방밸브가 개방되도록 하여야 한다. 예를 들면 주 밸브와 구역밸브를 설치하여 양쪽이 개방되어 일제개방밸브에 수압이 변화되는 방식 또는 게이트밸브와 볼밸브와 같이 조작이 다소 다른 밸브의 조합으로 개방까지 주의를 환기하는 방법 등을 사용할 필요가 있다.

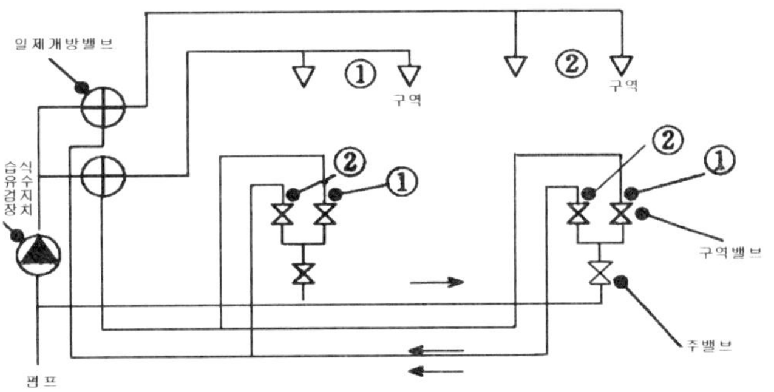

〔수동조작스위치 예〕

7. 일제개방밸브를 사용하는 설비의 화재감지는 각 경계회로별로 화재표시가 되도록 할 것
8. 다음의 각 확인회로마다 도통시험 및 작동시험을 할 수 있도록 할 것
   가. 기동용수압개폐장치의 압력스위치회로
   나. 수조 또는 물올림탱크의 저수위감시회로
   다. 유수검지장치 또는 일제개방밸브의 압력스위치회로
   라. 일제개방밸브를 사용하는 설비의 화재감지기회로
   마. 제8조제16항의 규정에 따른 개폐밸브의 폐쇄상태 확인회로
   바. 그 밖의 이와 비슷한 회로
9. 감시제어반과 자동화재탐지설비의 수신기를 별도의 장소에 설치하는 경우에는 이들 상호간에 동시 통화가 가능하도록 할 것

해설

1. 화재표시 작동시험
   가) 화재 및 도통시험용 스위치를 화재시험 측으로 놓고
   나) 시험용 로터리 스위치를 회전 시키면서 회선을 순차적으로 전환
   다) 각 회로의 표시창과 번호, 화재 등의 점등 및 음향장치의 울림
   라) 시험용 로터리 스위치의 전환은 회선마다 자기유지 기능 및 음향 장치의 울림을 확인키 위해 1회선 마다 복구시킨 후 다음 회선으로 이행

④동력제어반은 다음 각호의 기준에 따라 설치하여야 한다.

해설

동력제어반(Motor Control Center : M.C.C)에서는 전동기의 구동을 위한 Sequence 회로를 구성하고 가압송수장치(펌프)의 전동기를 제어한다. 감시제어반에서 가압송수장치(펌프)를 제어하기 위하여 배관, 배선을 설치하고 감시제어반에 기동스위치 및 기동램프를 연결한다. 동력제어반의 SELECT S/W를 연동위치로 하고 감시제어반에서 기동스위치를 ON하면 MS COIL에 AC220 V가 투입되어 전자접촉기 MS가 동작하고 MOTOR가 동작한다. 이때 MS의 보조접점이 작동하고 동력제어반의 기동표시등과 감시제어반의 기동표시등이 동시에 점등한다. 이와 같이 동작하는 경우에는 감시제어반의 기동스위치 및 기동표시등을 AC220 V용을 사용하게 되어 DC24 V를 사용하는

감시제어반에 AC220 V가 항상 투입되다. 이러한 결과 수신기 결선 및 고장 수리시 감전사고 또는 안전사고의 우려가 발생할 수 있는 점에 주의하여야 한다.

가. 동력제어반은 설치방법에 따라 벽부형과 자립형으로 구분되며, 벽부형인 경우 설치 벽에 대한 구조적 사항을, 자립형인 경우 전도방지와 침수대책을 수립하여야 한다.

나. 제어반 내부에 기기의 배치방법에 따라 일반형, 유닛형, 컨트롤센터로 구분하며 일반적으로 컨트롤센터형을 사용한다.

   1) 일반형 제어반은 제어대상 기기별로 구분하지 않고 내부설치 기기별로 배치하여 제작하는 것을 말한다.

   2) 유닛형 제어반은 제어대상 기기별로 구분하여 각각 기판(유닛)으로 배치하는 것으로 제어동력 기기 수와 동일수량의 유닛이 설치되며, 유닛 사이의 차폐는 하지 않는다.

   3) 컨트롤센터형은 유닛으로 분리하고 각 유닛마다 차단된 별도의 공간으로 배치하는 것이며, 일반적으로 인출형으로 사용한다.

나. 접속도

   1) 설계 시는 주회로를 표시하는 단선 결선도로서 표시한다.

   2) 주회로의 구분은 공조설비용, 급·배수 위생설비용, 방재설비용으로 하고 각 구분별 용량을 나누어 구성한다.

   3) 전동기군의 설치 실이 다른 경우는 별도회로로 구성한다.

1. 앞면은 적색으로 하고 "스프링클러설비용 동력제어반"이라고 표시한 표지를 설치할 것

해설

1. 동력제어반의 설치

스프링클러설비용 동력제어반을 적색으로 하는 이유는 다른 설비와 혼동하여 전원차단 등의 조치를 방지하기 위한 것이며, 표지 또한 같은 이유로 설치되는 것이다.

2. 외함은 두께 1.5 ㎜ 이상의 강판 또는 이와 동등 이상의 강도 및 내열성능이 있는 것으로 할 것

해설

1. 동력제어반의 외함

   동력제어반의 외함의 내열성에 대한 명확한 기준이 현재는 없는 실정이므로 단지 강판의 두께로서만 규정을 적용하여야 할 것이다.

3. 그 밖의 동력제어반의 설치에 관하여는 제3항제1호 및 제2호의 기준을 준용할 것

해설

1. 화재피해 방지

   제3항 제1호는 화재피해를 방지하기 위해 방화구획된 실에 설치하여야 하며, 침수 등의 재해를 방지하기 위하여는 건물의 최저층 이외의 층에 설치하여야 한다는 내용이나 일반적으로 동력제어반은 기계실 내 소화펌프 직근에 설치되어 있다. 따라서 동력제어반의 방화구획된 실이라 함은 기계실 전체가 구획되면 충족되는 것으로 이해하는 것이 바람직하다.

   제3항 제2호는 스프링클러설비의 동력제어반을 전용으로 하도록 하는 규정이다.

제14조(배선 등) ①스프링클러설비의 배선은 전기사업법 제67조의 규정에 따른 기술기준에서 정한 것 외에 다음 각호의 기준에 따라 설치하여야 한다.

해설

1. 『전기사업법』 제67조는 전기설비기술기준에 대한 고시를 의미하며, 동 고시는 전기설비에 대한 설치 기준을 규정하고 있다.

1. 비상전원으로부터 동력제어반 및 가압송수장치에 이르는 전원회로배선은 내화배선으로 할 것. 다만, 자가발전설비와 동력제어반이 동일한 실에 설치된 경우에는 자가발전기로부터 그 제어반에 이르는 전원회로배선은 그러하지 아니하다.

해설

1. MI케이블

비상전원에서 동력제어반까지의 배선에 케이블 트레이를 이용하는 경우에는 내화전선이나 MI 케이블을 사용하여야 한다. 기타의 케이블이나 전선을 사용하는 케이블 트레이는 잘못된 방식이다.

2. 단서기준

단서의 기준은 자가발전설비실은 화재에 대비한 방화구획을 하였기 때문에 별도로 내화배선을 적용하지 않아도 된다는 완화규정이다. 다만, 전동기의 단자에 연결되는 부위는 어쩔 수 없이 노출된 금속관 등을 이용하여 배선할 수 밖에 없기 때문에 이러한 짧은 부분에 대해서는 완화적용을 하여야 할 것이다.

2. 상용전원으로부터 동력제어반에 이르는 배선, 그 밖의 스프링클러설비의 감시 · 조작 또는 표시등회로의 배선은 내화배선 또는 내열배선으로 할것. 다만, 감시제어반 또는 동력제어반 안의 감시 · 조작 또는 표시등회로의 배선은 그러하지 아니하다.

해설

1. 내화, 내열배선의 개념도

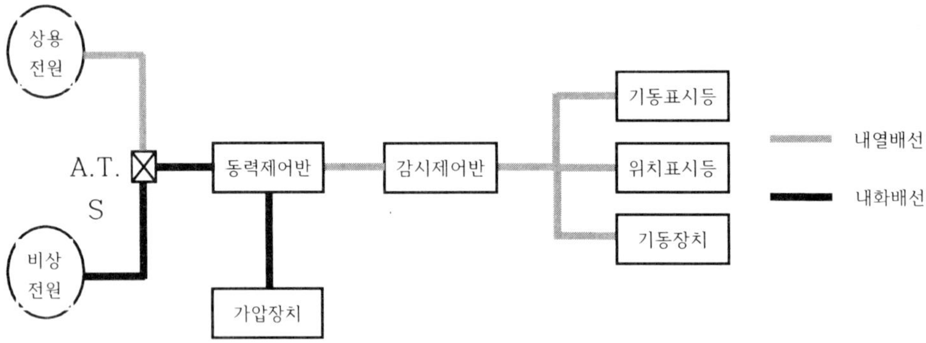

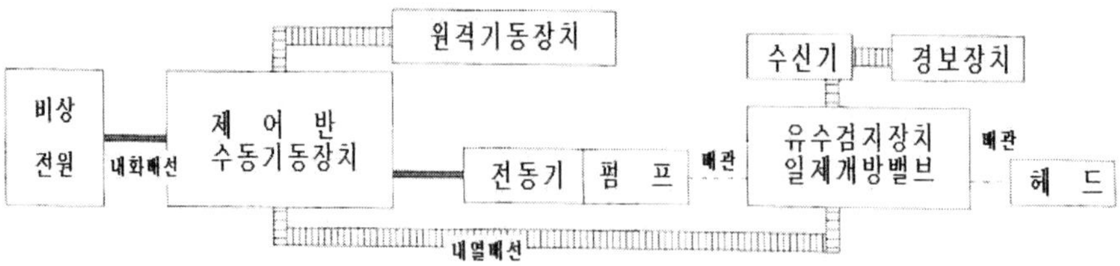

〔전선배선도의 예〕

② 제1항의 규정에 따른 내화배선 및 내열배선에 사용되는 전선 및 설치방법은 옥내소화전설비의 화재안전기준(NFSC 102)의 별표 1의 기준에 따른다.

해설

1. 소방용내화전선, 소방용내열전선

가. 내열전선:

1) 인입용비닐절연전선(IV)을 열적으로 보강한 것으로서 600[V] 2종 비닐절연전선(HIV: Great heat resistant polyvinyl chloride insulated wires)이라 불려지고 있으며, 내화전선이 나오기 전에 주로 사용되었다.

2) 내열전선은 『내열전선의 성능시험기술기준(소방방재청장고시)』에 의해 제품승인과 제품시험에 합격한 제품을 사용하여야 한다.

사용전선의 종류	공사방법
1. 450/750 V 내열비닐절연전선또는 배선용 비닐 절연전선 2. 가교폴리에틸렌 절연비닐외장 케이블 3. 클로로플렌외장케이블 4. 강대외장케이블 5. 버스덕트(Bus Duct) 6. 알루미늄피복 케이블 7.CD케이블(Combined Duct Cable) 8. 하이파론 절연전 9. 4불화에틸렌 절연전선 선 10. 실리콘 절연전선 11. 연피케이블 12. 기타 공산품 품질규정에 따라동등 이상의 내열성능이 있다고 주무부장관이 인정하는 것	금속관 · 금속제 가요전선관 · 금속덕트또는 케이블 (불연성덕트에 설치하는 경우에 한한다)공사방법에 따라야한다. 다만, 다음 각목의 기준에 적합하게 설치하는 경우에는 그러하지아니하다. 가. 배선을 내화성능을 갖는 배선전용실또는 배선용 샤프트 · 피트 · 덕트 등에설치하는 경우 나. 배선전용실 또는 배선용 샤프트 · 피트 · 덕트 등에 다른 설비의 배선이 있는 경우에는 이로부터 15 ㎝ 이상 떨어지게 하거나 소화설비의 배선과 이웃하는 다른 설비의 배선사이에 배선지름(배선의 지름이 다른 경우에는 지름이 가장 큰 것을 기준으로

	한다)의 1.5배 이상의 높이의 불연성 격벽을 설치하는 경우
내화전선 · 내열전선 · 엠아이케이블	케이블공사의 방법에 따라 설치하여야 한다
비고 : 내열전선의 내열성능은 온도가 816±10℃인 불꽃을 20분간 가한 후 불꽃을 제거하였을 때 10초 이내에 자연소화가 되고, 전선의 연소된 길이가 180 ㎜ 이하이거나 가열온도의 값을 한국산업규격(KS F 2257-1)에서 정한 건축구조부분의 내화시험방법으로 15분 동안 380℃까지 가열한 후 전선의 연소된 길이가 가열로의 벽으로부터 150 ㎜ 이하일 것. 또는 소방방재청장이 정하여 고시한 내열전선의 성능시험기준에 적합할 것	

나. 내화전선 :

1) 무기질 불연재로 절연된 전선을 말하며, 전선의 경우 FR-8(Fire protected wire), 케이블의 경우 MI (Mineral Insulated) 케이블로 불려지고 있다.

2) 내화전선은 내화전선의 성능시험기술기준(소방방재청장고시)에 의해 제품승인과 제품시험에 합격한 제품을 사용하여야 한다.

<table>
<tr><th>사용전선의 종류</th><th>공사방법</th></tr>
<tr><td>1. 450/750V 내열비닐절연전선또는 배선용 비닐 절연전선
2. 가교폴리에틸렌 절연비닐외장 케이블
3. 클로로플렌외장케이블
4. 강대외장케이블
5. 버스덕트(Bus Duct)
6. 알루미늄피복 케이블
7. CD케이블(Combined Duct Cable)
8. 하이파론 절연전
9. 4불화에틸렌 절연전선 선
10. 실리콘 절연전선
11. 연피케이블
12. 기타 공산품 품질규정에 따라동등 이상의 내화성능이 있다고주무부장관이 인정하는 것</td><td>금속관 · 2종 금속제 가요전선관 또는 합 성 수지관에 수납하여 내화구조로 된 벽또는 바닥 등에 벽 또는 바닥의 표면으로부터 25 ㎜ 이상의 깊이로 매설하여야 한 다. 다만 다음 각목의 기준에 적합하게 설치하는 경우에는 그러하지 아니하다.
가. 내화성능을 갖는 배선전용실 또는 배선을 배선용 샤프트 · 피트 · 덕트 등에 설치하는 경우
나. 배선전용실 또는 배선용 샤프트 · 피트 · 덕트 등에 다른 설비의 배선이 있는경우에는 이로 부터 15 ㎝ 이상 떨어지게 하거나 소화설비의 배선과 이웃 다른 설비의 배선사이에 배선지름(배선의지름이 다른 경우에는 가장 큰 것을 기준으로 한다)의 1.5배 이상의 높이의 불연성 격벽을 설치하는 경우</td></tr>
<tr><td>내화전선 · 엠아이케이블</td><td>케이블공사의 방법에 따라 설치하여야 한다.</td></tr>
<tr><td colspan="2">비고 : 내화전선의 내화성능은 버어너의 노즐에서 75 ㎜의 거리에서 온도가 750±5℃인 불꽃으로 3시간동안 가열한 다음 12시간 경과 후 전선 간에 허용전류용량 3A의 퓨우즈를 연결하여 내화시험 전압을 가한 경우 퓨우즈가 단선되지 아니하는 것. 또는 소방방재청장이 정하여 고시한 내화전선의 성능 시험기준에 적합한 것</td></tr>
</table>

③ 스프링클러설비의 과전류차단기 및 개폐기에는 "스프링클러설비용"이라고 표시한 표지를 하여야 한다.

해설

1. 표지

스프링클러설비의 과전류 차단기 및 개폐기에는 다른 전기회로의 과전류차단기 및 개폐기로 착각하여 차단시킬 염려가 없도록 표시를 명료하게 하고 보기 쉬운 위치에 표시되어져 있어야 한다.

④ 스프링클러설비용 전기배선의 양단 및 접속단자에는 다음 각호의 기준에 따라 표지하여야 한다. 1. 단자에는 "스프링클러설비단자"라고 표시한 표지를 부착할 것 2. 스프링클러설비용 전기배선의 양단에는 다른 배선과 식별이 용이하도록 표시할 것

1. 스프링클러설비용 전기배선의 양단 및 접속단자

스프링클러설비용 전기배선의 양단 및 접속단자에는 다른 설비의 단자 또는 다른 설비용 배선으로 착각하지 않도록 표지를 부착하거나 표시를 하여야 한다.

제15조(헤드의 설치제외) ① 스프링클러설비를 설치하여야 할 소방대상물에 있어서 다음 각호의 1에 해당하는 장소에는 스프링클러헤드를 설치하지 아니할 수 있다.

1. 계단실(특별피난계단의 부속실을 포함한다) · 경사로 · 승강기의 승강로 · 비상 용승강기의 승강장 · 파이프덕트 및 덕트피트 · 목욕실 · 수영장(관람석부분을 제외한다) · 화장실 · 직접 외기에 개방되어 있는 복도 · 기타 이와 유사한 장소 〈개정 2008.12.15〉
2. 통신기기실 · 전자기기실 · 기타 이와 유사한 장소
3. 발전실 · 변전실 · 변압기 · 기타 이와 유사한 전기설비가 설치되어 있는 장소
4. 병원의 수술실 · 응급처치실 · 기타 이와 유사한 장소
5. 천장과 반자 양쪽이 불연재료로 되어 있는 경우로서 그 사이의 거리 및 구조가 다음 각목의 1에 해당하는 부분
   가. 천장과 반자사이의 거리가 2 m 미만인 부분
   나. 천장과 반자사이의 벽이 불연재료이고 천장과 반자사이의 거리가 2 m 이상으로서 사이에 가연물이 존재하지 아니하는 부분
6. 천장 · 반자중 한쪽이 불연재료로 되어있고 천장과 반자사이의 거리가 1 m 미만인 부분
7. 천장 및 반자가 불연재료 외의 것으로 되어 있고 천장과 반자사이의 거리가 0.5 m 미만인 부분
8. 펌프실 · 물탱크실 엘리베이터 권상기실 그 밖의 이와 비슷한 장소 〈개정 2008.12.15〉
9. 아파트의 세대별로 설치된 보일러실로서 환기구를 제외한 부분이 다른부분과 방화구획 되어 있는 보일러실
10. 현관 또는 로비 등으로서 바닥으로부터 높이가 20 m 이상인 장소
11. 영하의 냉장창고의 냉장실 또는 냉동창고의 냉동실〈개정 2008.12.15.〉
12. 고온의 노가 설치된 장소 또는 물과 격렬하게 반응하는 물품의 저장 또는 취급장소
13. 불연재료로 된 소방대상물 또는 그 부분으로서 다음 각목의 1에 해당하는 장소
   가. 정수장·오물처리장 그 밖의 이와 비슷한 장소
   나. 펄프공장의 작업장·음료수공장의 세정 또는 충전하는 작업장 그 밖의 이와 비슷한 장소
   다. 불연성의 금속·석재 등의 가공공장으로서 가연성물질을 저장 또는 취급하지 아니하는 장소
14. 실내에 설치된 테니스장·게이트볼장·정구장 또는 이와 비슷한 장소로서 실내 바닥·벽·천장이 불연재료 또는 준불연재료로 구성되어 있고 가연물이 존재하지 않는 장소로서 관람석이 없는 운동시설(지하층은 제외한다)

해설

1. 스프링클러헤드를 설치하지 아니할 수 있는 장소

이 조항은 스프링클러헤드의 설치가 전혀 필요하지 않은 장소 스프링클러헤드를 설

치하여도 효율성이 적은 장소 또는 스프링클러헤드를 설치하였을때 문제를 야기할 수 있는 장소 등을 열거한 것으로, 스프링클러헤드의 설치를 반드시 제외하도록 한 것이 아니라, 스프링클러헤드의 설치 여부를 탄력적으로 적용하도록 하기 위한 것이다.

가. 스프링클러헤드의 설치가 전혀 필요하지 않은 장소

1) 불연재료로 된 소방대상물 또는 그 부분으로서 다음 각목의 1에 해당 하는 장소

가) 정수장·오물처리장 그 밖의 이와 비슷한 장소

나) 펄프공장의 작업장·음료수공장의 세정 또는 충전하는 작업장 그 밖의 이와 비슷한 장소

다) 불연성의 금속·석재 등의 가공공장으로서 가연성물질을 저장 또는 취급하지 아니하는 장소

라) 목욕실, 수영장 (관람석부분 제외)

마) 물탱크실

나. 스프링클러헤드를 설치하여도 효율성이 적은 장소

1) 천장과 반자 양쪽이 불연재료로 되어 있는 경우로서 그 사이의 거리 및 구조가 다음 각목의 1에 해당하는 부분

가) 천장과 반자사이의 거리가 2 m 미만인 부분

나) 천장과 반자사이의 벽이 불연재료이고 천장과 반자사이의 거리가 2 m 이상으로서 그 사이에 가연물이 존재하지 아니하는 부분

다) 천장·반자 중 한쪽이 불연재료로 되어있고 천장과 반자사이의 거리가 1 m 미만인 부분

2) 천장 및 반자가 불연재료 외의 것으로 되어 있고 천장과 반자사이의 거리가 0.5 m 미만인 부분

3) 아파트의 세대별로 설치된 보일러실로서 환기구를 제외한 부분이 다른 부분과 방화구획 되어 있는 보일러실

4) 계단실·경사로, 화장실

5) 현관 또는 로비등으로서 바닥으로부터 높이가 20 m 이상인 장소

다. 스프링클러헤드를 설치하였을 때 문제를 야기할 수 있는 장소

1) 병원의 수술실·응급처치실·기타 이와 유사한 장소

2) 고온의 노가 설치된 장소 또는 물과 격렬하게 반응하는 물품의 저장 또는 취급장소

라. 기타

1) 통신기기실·전자기기실·기타 이와 유사한 장소

2) 발전실·변전실·변압기·기타 이와 유사한 전기설비가 설치되어 있는 장소

3) 펌프실 그 밖의 이와 비슷한 장소

4) 냉장창고의 냉장실 또는 냉동창고의 냉동실

5) 승강기의 승강로·파이프덕트·직접 외기에 개방되어 있는 복도·기타 이와 유사한 장소

※ 기타 장소에 대한 NFPA 13 기준

스프링클러헤드의 설치장소에서 제외하고 있지 아니하다. 통신기기실, 전자기기실, 발전실, 변전실, 변압기 등은 화재발생 시 물을 사용하는 스프링클러설비가 가장 효과적인 소화수단으로 채택되고 있으며 펌프실의 경우, 전동기 또는 제어반 등이 화재의 요인이 될 수 있다. 냉장창고 또는 냉동창고의 경우, 단열효과 높은 가연성단열재로 인하여 화재에 취약한 장소이며, 승강기의 승강로 및 파이프 덕트 등은 화재 발생 시 화재 전파 및 확산의 통로로 이용될 수 있다는 점에서 스프링클러헤드가 설치되고 있다.

> ② 제10조 제7항 제6호의 연소할 우려가 있는 개구부에 다음 각호의 기준에 따른 드렌처설비를 설치한 경우에는 당해 개구부에 한하여 스프링클러헤드를 설치하지 아니할 수 있다.
> 1. 드렌처헤드는 개구부 위 측에 2.5 m 이내마다 1개를 설치할 것
> 2. 제어밸브(일제개방밸브 · 개폐표시형밸브 및 수동조작부를 합한 것을 말한다. 이하 같다)는 소방대상물 층마다에 바닥 면으로부터 0.8 m 이상 1.5 m 이하의 위치에 설치할 것
> 3. 수원의 수량은 드렌처헤드가 가장 많이 설치된 제어밸브의 드렌처헤드의 설치개수에 1.6 ㎥를 곱하여 얻은 수치 이상이 되도록 할 것
> 4. 드렌처설비는 드렌처헤드가 가장 많이 설치된 제어밸브에 설치된 드렌처헤드를 동시에 사용하는 경우에 각각의 헤드선단에 방수압력이 0.1 ㎫ 이상, 방수량이 80 ℓ/min 이상이 되도록 할 것
> 5. 수원에 연결하는 가압송수장치는 점검이 쉽고 화재 등의 재해로 인한 피해우려가 없는 장소에 설치할 것

해설

(제10조 ④항 해설참조, 제10조 ⑦항 6호 해설참조)

1. 드렌처(drencher) 설비

드렌처설비는 건축물의 외벽, 창, 추녀 및 지붕 등에 장치하며, 인접 건물로의 화재에 의한 연소를 방지하기 위한 수막을 형성하는 것이다. 드렌처헤드의 구경은 9.5 ㎜(3/8″), 7.9 ㎜(5/16″), 6.4 ㎜(1/4″)의 3종이 있고 그 설치간격은 수평거리 2.4 m, 수직거리 4 m 이하로 배치한다.

2. 드렌처설비 배관 구경

배관의 배관 구경은 배관 내를 흐르는 유량에 따라 결정되며, 드렌처헤드 1개의 방수량의 방수 압력은 1 ㎏/㎠이상이어야 한다. 드렌처 설비 급수 수원의 저수량은 다음과 같다.

수원의 저수량 ≥ (드렌처헤드 1개의 방수량)×(설치개수) × 20

第16조(수원 및 가압송수장치의 펌프 등의 겸용) ① 스프링클러설비의 수원을 옥내소화전설비·간이스프링클러설비·화재조기진압용 스프링클러설비·물분무소화설비·포소화전설비 및 옥외소화전설비의 수원과 겸용하여 설치하는 경우의 저수량은 각 소화설비에 필요한 저수량을 합한 양 이상이 되도록 하여야 한다. 다만, 이들 소화설비중 고정식 소화설비(펌프·배관과 소화수 또는 소화약제를 최종 방출하는 방출구가 고정된 설비를 말한다. 이하 같다)가 2 이상 설치되어 있고, 그 소화설비가 설치된 부분이 방화벽과 방화문으로 구획되어 있는 경우에는 각 고정식 소화설비에 필요한 저수량 중 최대의 것 이상으로 할 수 있다.

② 스프링클러설비의 가압송수장치로 사용하는 펌프를 옥내소화전설비·간이스프링클러설비·화재조기진압용 스프링클러설비·물분무소화설비·포소화설비 및 옥외소화전설비의 가압송수장치와 겸용하여 설치하는 경우의 펌프의 토출량은 각 소화설비에 해당하는 토출량을 합한 양 이상이 되도록 하여야 한다. 다만, 이들 소화설비 중 고정식 소화설비가 2 이상 설치되어 있고, 그 소화설비가 설치된 부분이 방화벽과 방화문으로 구획되어 있으며 각 소화설비에 지장이 없는 경우에는 펌프의 토출량 중 최대의 것 이상으로 할 수 있다.

③ 옥내소화전설비·스프링클러설비·간이스프링클러설비·화재조기진압용스프링클러설비·물분무소화설비·포소화설비 및 옥외소화전설비의 가압송수장치에 있어서 각 토출측배관과 일반급수용의 가압송수장치의 토출측 배관을 상호 연결하여 화재 시 사용할 수 있다. 이 경우 연결배관에는 개폐표시형밸브를 설치하여야 하며, 각 소화설비의 성능에 지장이 없도록 하여야 한다.

④ 스프링클러설비의 송수구를 옥내소화전설비·간이스프링클러설비·화재조기진압용 스프링클러설비·물분무소화설비·포소화설비·연결송수관설비 또는 연결살수설비의 송수구와 겸용으로 설치하는 경우에는 스프링클러설비의 송수구의 설치기준에 따르되 각각의 소화설비의 기능에 지장이없도록 하여야 한다.

해설

1. 수원

스프링클러설비의 수원과 다른 소화설비의 수원을 겸용하는 경우에, 모든 소화설비를 동시에 사용할 수 있도록 해당 소화설비의 수원을 합한 것을 확보하여야 한다. 다만, 방호구역이 방화구획으로 구획되어 있는 경우에는, 각 방호구역내의 소화설비에 필요한 저수량 중 최대의 것으로 할 수 있다.

예 1: 스프링클러설비, 옥내소화전설비, 포소화전설비, 옥외소화전설비, 물분무설비가 설치 되었을 경우의 수원 - 각 소화설비에 필요한 수원을 모두 합한 양 이상

예 2: 각 방호구역이 방화구획으로 구분되어 있는 경우에는 방호구역 내에 설치된

소화설비에 필요한 수량 중 최대의 것, (방호구역 1과 방호구역 2 중 방호구역 1의 필요한 저수량이 큰 경우 에는 방호구역1의 저수량)

방호구역 1 : 스프링클러설비, 옥내소화전설비, 옥외소화전설비

방호구역 2 : 포소화전설비, 물분무설비

2. 펌프의 토출량

스프링클러설비의 펌프를 다른 소화설비의 펌프와 겸용하는 경우에, 모든 소화설비를 동시에 사용할 수 있도록 펌프의 토출량은 해당 소화설비의 유량을 합한 것 이상이어야 한다. 다만, 방호구역이 방화구획으로 구획되어 있는 경우에는 각 방호구역내의 소화설비에 필요한 유량 중 최대의 것으로 할 수 있다.

예1: 스프링클러설비, 옥내소화전설비, 포소화전설비, 옥외소화전설비, 물분무설비가 설치되었을 경우의 토출량 - 각 소화설비에 필요한 토출량을 모두 합한 양 이상

예2: 각 방호구역이 방화구획으로 구분되어 있는 경우에는 방호구역 내에설치된 소화설비에 필요한 토출량 중 최대의 것, (방호구역 1과 방호구역 2 중 방호구역 1의 필요한 토출량이 큰 경우 에는 방호구역1의 토출량)

방호구역 1 : 스프링클러설비, 옥내소화전설비, 옥외소화전설비

방호구역 2 : 포소화전설비, 물분무설비

3. 소화펌프의 토출배관과 일반급수배관의 겸용

연결배관에 개폐표시형밸브를 설치하고, 각 소화설비의 성능에 지장이 없는 경우에 한하여, 일반급수펌프의 토출용배관을 화재 시에 한하여 소화 설비용 배관으로 사용할 수 있다. 이 경우, 일반급수배관이 먹는 물을 공급하는 경우에는 소화설비용 물이 유입될 경우의 오염방지대책이 별도로 관련 보건기준에 적합하도록 강구되어야 한다.

제17조(설치·유지기준의 특례) 소방본부장 또는 소방서장은 기존건축물이 증축·개축·대수선되거나 용도변경 되는 경우에 있어서 이 기준이 정하는 기준에 따라 당해 건축물에 설치하여야 할 스프링클러설비의 배관·배선 등의 공사가 현저하게 곤란하다고 인정되는 경우에는 당해 설비의 기능 및 사용에 지장이 없는 범위 안에서 스프링클러설비의 설치·유지기준의 일부를 적용하지 아니할 수 있다.

해설

제18조(재검토 기한) 「훈령 · 예규 등의 발령 및 관리에 관한 규정」(대통령훈령 제248호)에 따라 이 고시 발령 후의 법령이나 현실여건의 변화 등을 검토하여 이 고시의 폐지, 개정 등의 조치를 하여야 하는 기한은 2012년 8월 23일까지로 한다.〈신설 2009.8.24〉

부 칙(2004. 6. 4)

제1조(시행일) 이 기준은 고시한 날부터 시행한다. 다만, 제6조제3호의 규정에 따른 아파트의 방호구역(2004.12.31까지는 종전 소방기술기준에관한규칙 제15조제3호단서의 규정에 따른다) 및 제10조제5항의 규정은 2005년 1월 1일부터 시행한다.

제2조(경과조치) 이 고시 시행당시 종전의 소방기술기준에관한규칙에 적합하게 설치되어 있거나 건축허가등의 동의 또는 소방시설 시공신고가 완료된 소방대상물에 대하여는 종전의 기준에 따른다.

제3조(다른 법령과의 관계) 이 고시 시행 당시 다른 법령에서 종전의 소방기술기준에관한규칙을 인용한 경우에 이 고시 가운데 그에 해당하는 규정이 있는 경우에는 종전의 규정에 갈음하여 이 고시의 해당 규정을 인용한 것으로 본다.

제4조(다른 고시의 폐지) 이 고시 시행과 동시에 "스프링클러설비급수개폐밸브작동표시에관한기준"[행정자치부고시 제1994-98호(1995.1.6)]은 폐지한다.

부 칙(2006. 12. 30)

(시행일) 이 고시는 고시한 날부터 시행한다.

부 칙(2007. 4. 12)

(시행일) 이 기준은 고시한 날부터 시행한다.

부 칙(2007. 12. 28.)

(시행일) 이 기준은 고시한 날부터 시행한다.

부 칙(2008. 12. 15.)

(시행일) 이 기준은 고시한 날부터 시행한다. 다만, 제5조제4항 · 제12조제1항 단서 및 제13조제1항제4호의 가압수조방식의 경우에는 성능시험품목고시 및 성능시험기준 공고 후 시행한다.

부 칙(2009. 8. 24.)

(시행일) 이 기준은 고시한 날부터 시행한다.

부 칙(2009. 10. 22.)

(시행일) 이 기준은 고시한 날부터 시행한다.

부 록

A. 용어해설

A-1 "방호구역"이라 함은 벽과 천장으로 완전히 둘러쌓인 공간을 말하며, 인접한 구역으로 통하는 구역은 벽의 개구부는 천장으로부터 개구부의 상부까지 거리가 200 ㎜이상이 되어야 한다.

A-2 "화재억제"라 함은 물을 분사하여 열 방출량을 감소시키고 주위의 가연물질을 미리 물에 젖어 있도록 함으로써 화재의 확산을 방지하고 구조물이 붕괴 되지 않도록 천장 등에 열기류 등을 제어하는 것을 말한다.

A-3 "소화"라 함은 화염과 연소중인 가연물의 표면에 충분한 양의 물을 방사하여 화재에 의한 발열량을 저하시키고 재 발화를 방지시켜 소화하는 것을 말한다.

A-4 "수리학적 설계"라 함은 펌프용량, 배관구경 등을 압력손실을 기초로 하여 공학적으로 계산한 스프링클러설비로서 필요한 살수밀도, 방수압력 및 유량 등이 방호구역에 공급될 수 있도록 설계되는 것을 말한다.

A-5 "스프링클러설비"라 함은 소방용으로 화재안전규격에 의하여 설계된 가압송수장치, 배관, 유수검지장치, 스프링클러헤드 등을 포함하는 소화설비로서, 스프링클러설비의 배관은 규약배관방식 또는 수리계산에 의한 방식으로 배관의 구경을 결정하며, 스프링클러헤드가 체계적인 형태로 부착되어 있다. 또한 설비의 입상관을 제어하는 밸브는 입상관에 설치되며, 설비작동 시 경보 등을 발하는 장치가 부착되어 있다.

이 설비는 화재로 인한 연기 또는 열에 의하여 작동되고 화재지역에 대하여 물을 방수함으로써 화재를 소화시킨다.

A-6 "배관 스케즐"이라 함은 배관의 최대 사용압력별로 구분하여 배관의 두께를 미리 결정한 것을 말한다.

A-7 "차단판"이라함은 표준시간-온도 곡선에 따라 화재에 노출시킨 다음 15분이 지난 뒤에 노출되지 않는 면에서의 평균온도 상승을 121℃이하로 제한되는 재료를 말한다.

A- 8 “높은 저장”이라함은 높이가 3.7 m를 초과하여 상품을 적재하는 것을 말하며, 적재형태에 따라, 상자형태로 적재, 팔렛적재, 랙크식저장 등으로 구분한다.

A- 9 “동결방지설비”라 함은 배관 내에 부동액을 충만한 다음 급수장치로 연결되어 폐쇄형스프링클러헤드를 사용하는 습식스프링클러설비로서 화재로 인하여 열에 의해 스프링클러헤드가 작동되어 배관에 충만되어 있는 부동액을 방사하고 이어서 물을 방사되도록 하는 설비를 말한다.

A-10 “습식설비”라 함은 물이 들어있는 배관에 폐쇄형스프링클러헤드를 부착하여 화재로 인한 열에 의해 스프링클러헤드가 개방되면 습식유수검지장치가 개방되면 개방된 스프링클러헤드를 통하여 물이 즉시 방사되는 설비를 말한다.

A-11 “건식설비”라 함은 압축공기 또는 질소가스가 들어있는 배관에 폐쇄형스프링클러헤드를 부착하여 화재로 인한 열에 의해 스프링클러헤드가 개방되면 즉시 압축공기 등이 방사되면서 수압에 의하여 건식유수검지장치가 개방되면 배관내로 물이 흘러서 개방된 스프링클러헤드를 통하여 방사되는 설비를 말한다.

A-12 "준비작동식설비"라 함은 배관누설감시용 저압의 압축공기 또는 대기압이 들어있는 배관에 폐쇄형스프링클러헤드를 부착하여 화재로 인한 열에 의해 ① 화재감지장치가 작동하면 유수검지장치가 개방되어 즉시 물이 배관으로 흐르는 방식 ② 화재감지장치 또는 스프링클러헤드가 작동되면 유수검지장치가 개방되어 물이 배관으로 흐르는 방식 ③ 화재감지장치 및 스프링클러헤드가 동시에 작동되어야 유수검지장치가 개방되어 물이 배관으로 흐르는 방식으로 개방된 스프링클러헤드를 통하여 방사되는 설비를 말한다.

A-12 "일제개방형설비"라 함은 일제개방밸브의 2차측배관에 개방형스프링클러헤드가 부착되어 있는 것으로 화재 시 화재감지장치에 의하여 일제개방밸브를 개방되면, 배관내로 물이 흘러서 방호구역내의 모든 개방형스프링클러헤드를 통하여 일제히 방사되는 설비를 말한다.

A-13 “가지배관”이라 함은 스프링클러헤드가 설치된 배관을 말한다.

A-14 “교차배관”이라 함은 가지배관과 방향이 평행하지 아니하게 설치되며 가지배관에 급수하는 배관을 말한다.

A-15 “수평주행배관”이라 함은 직접 또는 입상관을 통하여 교차배관에 급수하는 배관을 말한다. 교차배관도 수평주행배관의 일부분이다.

A-16 “신축배관 및 카플링”이라 함은 배관에 손상을 입히지 않고 배관의 축방향 변위, 회전, 1도 이상의 각도의 범위를 허용하는 성능을 가진 배관 및 커플링을 말한다.

A-17 “입상관”이라 함은 스프링클러설비의 수직 급수배관을 말한다.

A-18 “가지입상관”이라 함은 가지배관과 스프링클러헤드사이의 짧은 배관을 말한다.

A-19 “슈퍼비조리장치”이라 함은 준비작동식스프링클러설비에서 배관의 누설여부를 감시하는 장치를 말한다.

A-20 “스프링클러헤드”라 함은 화재 시 가압된 물이 방수구를 통하여 내뿜어져 분산됨으로써 소화기능을 하는 헤드를 말한다.

A-21 “폐쇄형스프링클러헤드”라 함은 정상상태에서 방수구를 막고 있는 감열체가 일정온도에서 자동적으로 파괴·용해 또는 이탈됨으로써 분사구가 열려지는 스프링클러헤드를 말한다.

A-22 “개방형스프링클러헤드”라 함은 감열체 없이 방수구가 항상 열려져있는 스프링클러헤드를 말한다.

A-23 “표준형스프링클러헤드”라 함은 가압된 물이 분사될 때 헤드의 축심을 중심으로 한 원상에 균일하게 분사시키는 헤드를 말한다.

A-24 “측벽형스프링클러헤드”라 함은 가압됨 물이 분사될 때 축심을 중심으로 한 반원상에 균일하게 분산시키는 헤드를 말한다.

A-25 “디프렉타”라 함은 스프링클러헤드의 방수구에서 유출되는 물을 세분시키는 작용을 하는 것을 말한다.

A-26 “후레임”이라 함은 스프링클러헤드의 나사부분과 디프렉타를 연결하는 이음쇠 부분을 말한다.

A-27 “감열체”라 함은 정상상태에서는 방수구를 막고 있으나 열에 의하여 일정한 온도에 도달하면 스스로 파괴·용해되어 헤드로부터 이탈됨으로써 방수구가 열리어져 스프링클러헤드가 작동되도록 하는 부분을 말한다.

A-28 "퓨지블링크"라 함은 감열체중 이융성금속으로 융착 되거나 이융성 물질에 의하여 조립된 것을 말한다.

A-29 “유리벌브”라 함은 감열체중 유리구 안에 액체 등을 넣어 봉한 것을 말한다.

A-30 “표시온도”라 함은 폐쇄형스프링클러헤드에서 감열체가 작동하는 온도로서 미리

헤드에 표시한 온도를 말한다.

A-31 "최고주위온도"라 함은 폐쇄형스프링클러헤드의 설치장소에 관한 기준이 되는 온도로서 다음 식에 의하여 구하여진 온도를 말한다. 다만, 헤드의 표시온도가 75도 미만인 경우의 최고주위온도는 다음 등식에 불구하고 39도로 한다.

TA = 0.9 TM - 27.3

TA는 최고주위온도

TM은 헤드의 표시온도

A-32 "설계하중"이라 함은 폐쇄형 스프링클러헤드에서 방수구를 막고 있는 감열체가 정상상태에서 이탈하지 못하게 하기 위하여 스프링클러헤드를 조립할 때 스프링클러헤드에 가하여지도록 미리 설계된 하중을 말한다.

A-33 "방수압력"이라 함은 정류통에 의하여 측정한 방수시의 정압을 말한다.

A-34 "반응시간지수(RTI)"라 함은 기류의 온도·속도 및 작동시간에 대하여 스프링클러헤드의 반응을 예상한 지수로서 아래 식에 의하여 계산하고(m·s)0.5을 단위로 한다.

$$RTI = \tau\sqrt{u}$$

τ : 감열체의 시간상수(초)

u : 기류속도(m/s)

A-35 "표준방향"이라 함은 대칭 감열체인 경우에는 공기의 흐름이 유수방향과 후레임의 평면이 서로 직각이 되는 방향을, 비대칭 감열체인 경우에는 공기의 흐름이 유수방향과 반응시간이 가장 짧게 소요되는 후레임의 평면과 직각을 이루는 방향을 말한다.

A-36 "최악의 방향"라 함은 공기의 흐름과 유수방향이 서로 수평이 되도록 설치되어 감열체와 기류의 접촉이 부속품에 의해 방해되게 설치되어 반응시간지수가 가장 큰 방향을 말한다.

A-37 "표준반응, 특수반응, 조기반응"이라 함은 스프링클러헤드의 감도를 RTI값에 따라 구분한 것을 말한다. 그 범위는 표준반응(RTI)은 80(m·s)0.5이상, 특수반응

(RTI)은 51~79(m·s)0.5, 조기반응(RTI)은 50(m·s)0.5이하로 분류한다.

A-38 “하향형스프링클러헤드”라 함은 물을 아랫방향으로 방수하여 디프렉타에 충돌되도록 설계된 스프링클러헤드를 말한다.

A-39 “상향형스프링클러헤드”라 함은 물을 윗 방향으로 방수하여 디프렉타에 충돌되도록 설계된 스프링클러헤드를 말한다.

A-40 “측벽형스프링클러헤드”라 함은 물을 벽에서 먼 전면으로 방수하고, 일부는 벽에 방수하도록 설계된 스프링클러헤드를 말한다.

A-41 “화재조기진압형스프링클러헤드”라 함은 화재를 초기에 진압할 수 있도록 정해진 면적에 충분한 물을 방사할 수 있는 빠른 작동능력의 스프링클러헤드를 말한다.

A-42 “건식형(드라이팬던트)스프링클러헤드”라 함은 물과 오리피스가 배관에 의해 분리되어 동파를 방지할 수 있는 스프링클러헤드를 말한다.

A-43 “플러쉬형스프링클러헤드”라 함은 부착나사를 포함한 몸체의 일부나 전부가 천장면 위에 설치되어 있는 스프링클러헤드를 말한다.

A-44 “리세스드형스프링클러헤드”라 함은 부착나사이외의 몸체 일부나 전부가 보호집 안에 설치되어 있는 스프링클러헤드를 말한다.

A-45 “컨실드형스프링클러헤드”라 함은 리세스드스프링클러헤드에 덮개가 부착된 스프링클러헤드를 말한다.

A-46 “주거형스프링클러헤드”라 함은 폐쇄형헤드의 일종으로 주거지역의 화재에 적합한 감도·방수량 및 살수분포를 갖는 스프링클러헤드(간이형스프링클러헤드를 포함한다)를 말한다.

A-47 “라지드롭형스프링클러헤드(ELO)"라 함은 동일조건의 수압력에서 표준형스프링클러헤드보다 큰물방울을 방출하여 저장창고 등에서 발생하는 대형화재를 진압할 수 있는 스프링클러헤드를 말한다.

A-48 “인랙스프링클러헤드”라 함은 랙크식창고에 설치하는 스프링클러헤드로서 상부에 설치된 스프링클러헤드의 방출된 물에 의해 작동에 지장이 생기지 아니하도록 보호판이 상부에 부착된 스프링클러헤드를 말한다.

A-46 “광범위스프링클러헤드”라 함은 표준 공간보다 넓은 곳, 감열체와 반응시간이 표준공간에 사용되는 표준형스프링클러헤드 보다 같거나 짧은 분해 기구에 의하여

자동으로 작동되는 것과 규정된 최소작동 유량으로 장애물이 없는 천장의 규정된 적용면적에 걸쳐 살수될 수 있는 것으로서 광범위스프링클러헤드는 가벼운 위험이 발생된 경우에만 사용되며, 적용면적·최소작동유량·오리피스 크기 및 "K" 계수에 따라 분류되는 스프링클러헤드를 말한다.

A-51 “특수형스프링클러”라 함은 특정한 위험성을 가지고 있는 물질, 장소 등에 사용되는 것으로서 살수분포, 열감도등이 특정한 조건하에서 성능 등이 검증된 스프링클러헤드를 말한다.

A-52 “순간반응형스프링클러헤드”라함은 화재가 발생하여 감열체의 감도가 14초이내에 작동되어는 것으로서 표준공간에 설치되는 스프링클러헤드를 말한다.

A-53 “방수 시 장애물”이라 함은 스프링클러헤드의 화재예방 및 소화 능력에 영향을 주는 열기류, 방수 등을 방해할 수 있는 보, 트러스, 기타 구조물 등을 말한다.

A-54 “방수 시 비장애물”이라 함은: 스프링클러헤드의 화재예방 및 소화 능력에 영향을 주는 열기류, 방수 등을 방해하지 아니한 보, 트러스, 기타 구조물, 방수비장애물은 개구부가 횡단면적의 70%이상이고 재료 두께가 최소 개구부의 크기를 초과하지 않는 수평 재료가 있거나 재료의 중심선 간격이 2.3 m이상인 구조물을 말한다.

A-54 방사시간

방사시간은 소화용수가 지속적으로 방사되는 시간을 말한다.

A-54 스프링클러헤드의 방수량

일정방수압력에서 방사되는 유량을 말한다.

A-54 설계방식

스프링클러설비의 설계방식은 배관-스케줄방식(규약배관방식)과 수리계산방식으로 구분한다.

배관-스케줄방식(규약배관방식)의 경우, NFPA 기준은 신설스프링클러설비가 아닌 기존스프링클러설비의 수정, 증설 등에 한하여 적용하고 있으며, 모든 신설스프링클러설비는 수리계산방식에 의하여 설계하도록 하고 있다.

A-54 유수검지장치의 개수

국내기준에 의한 유수검지장치의 수량은 방화구획의 면적 3000 ㎡를 담당면적으로 하고 있으나 NFPA 기준에 의한 유수검지장치의 최소담당면적은 스프링클러헤드 20개 이상, 최대담당면적은 화재등급에 따라 각기 다르나, 3,716㎡, 4,831 ㎡ 등으로 제한하고 있으며, 건식스프링클러설비나 이중인터록 준비작동식스프링클러설비 경우에는 방호면적이 아닌, 가장 먼 스프링클러헤드까지의 소화용수도달시간을 기준으로 하고 있다.

A-54 스프링클러의 표시온도

국내기준과 미국기준을 비교하면 다음 표와 같다.

국내기준		NFPA 기준	
설치장소 최고온도	설정온도	설치장소 최고온도	설정온도
39℃ 미만	79℃ 미만	38 ℃	57 - 77℃
39 - 65℃ 미만	79 - 121℃ 미만	66 ℃	79 - 107℃
64 - 106℃ 미만	121 - 162℃ 미만	107 ℃	121 - 149℃
106℃ 이상	162℃ 이상	149 ℃	163 - 191℃
		191 ℃	204 - 246℃
		246 ℃	260 - 302℃
		329 ℃	343℃

A-54 속도압 공식

(1)(나)항의 속도압 공식에 대한 환산은 다음과 같다.

$$P = 0.001123\frac{Q^2}{D^4}\ (psi) \qquad [\text{이때} Q = gpm,\ P = psi,\ D = in]$$

$$= 0.001123\frac{(25.4)^4}{(3.785)^2}\ \frac{Q^2}{D^4}\ (psi)\ [\text{이때} 1\ gpm = 3.785\ lpm,\ 1in = 25.4\ mm]$$

$$= 0.001123\frac{(416231)}{(14.326)}\ \frac{Q^2}{D^4}\ (psi)$$

$$= 32.628\ \frac{Q^2}{D^4}\ (psi)$$

$$= 2.2945\ \frac{Q^2}{D^4}\ (kg/cm^2)$$

쉽게 배우는 **소방시설 I**

2013년 2월 10일 인쇄
2013년 2월 15일 발행

저 자	장정태
발 행 인	송기수
발 행 처	도서출판 GS인터비전
편 집 처	도서출판 GS인터비전
인 쇄 처	대일문예사
등록번호	제313-2011-120호
I S B N	978-89-97231-62-1(94530) 978-89-97231-61-4(세트)

주 소	서울 마포구 신수동 448-6
전 화	02-976-7898, 0707-720-7898
팩 스	02-6468-7898
홈페이지	www.gsintervision.co.kr
E - Mail	gsinter7@chol.com

정가 15,000원

이 책의 무단전재, 복제, 복사는 저작권법 제 97조에 의거 5년 이하의 징역 또는 5천만원 이하의 벌금에 처하게 됩니다.